全国餐饮职业教育教学指导委员会重点课题"基于烹饪专业人才培养目标的中高职课程体系与教材开发研究"成果系列教材

餐饮职业教育创新技能型人才培养新形态一体化系列教材

U0165985

总主编 ◎ 杨铭铎

中餐烹调技艺

主　编　顾程林　厉志光　苏　鹏

副主编　刘　赟　董衍涵　许尚敏　吴　晶

参　编　（按姓氏笔画排序）

马　成　牛　欢　尹贻忠　厉志光

刘　赟　许尚敏　许国帅　苏　鹏

李　政　李旻岱　吴　晶　顾程林

徐晏旸　曹　杰　董衍涵

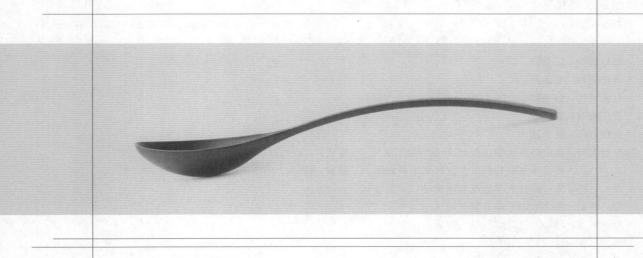

华中科技大学出版社
http://www.hustp.com
中国·武汉

内 容 简 介

本教材是全国餐饮职业教育教学指导委员会重点课题"基于烹饪专业人才培养目标的中高职课程体系与教材开发研究"成果系列教材、餐饮职业教育创新技能型人才培养新形态一体化系列教材。

本教材共分为九个项目,内容包括认识中餐、走进厨房、烹调辅助手段、烹调火候与调味、水烹法、油烹法、汽烹法、其他烹调方法、菜肴出品等。本教材是课程思政特色中餐烹调一体化教材,每个项目设置"课程思政模块",并附有配套课件、操作视频、习题答案等丰富的信息化教学资源。

本教材适用于烹饪类、旅游类、食品类相关专业,也可作为中餐烹调爱好者的指导书籍。

图书在版编目(CIP)数据

中餐烹调技艺/顾程林,厉志光,苏鹏主编.—武汉:华中科技大学出版社,2021.8
ISBN 978-7-5680-7370-7

Ⅰ.①中… Ⅱ.①顾… ②厉… ③苏… Ⅲ.①中式菜肴-烹饪-职业教育-教材 Ⅳ.①TS972.117

中国版本图书馆 CIP 数据核字(2021)第 155450 号

中餐烹调技艺
Zhongcan Pengtiao Jiyi

顾程林　厉志光　苏　鹏　主编

策划编辑:汪飒婷
责任编辑:毛晶晶
封面设计:廖亚萍
责任校对:刘　竣
责任监印:周治超
出版发行:华中科技大学出版社(中国·武汉)　　　电话:(027)81321913
　　　　　武汉市东湖新技术开发区华工科技园　　　邮编:430223
录　　排:华中科技大学惠友文印中心
印　　刷:湖北金港彩印有限公司
开　　本:889mm×1194mm　1/16
印　　张:11.75
字　　数:340千字
版　　次:2021年8月第1版第1次印刷
定　　价:49.90元

全国餐饮职业教育教学指导委员会重点课题
"基于烹饪专业人才培养目标的中高职课程体系与教材开发研究"成果系列教材
餐饮职业教育创新技能型人才培养新形态一体化系列教材

主　任

姜俊贤　全国餐饮职业教育教学指导委员会主任委员、中国烹饪协会会长

执行主任

杨铭铎　教育部职业教育专家组成员、全国餐饮职业教育教学指导委员会副主任委员、中国烹饪协会特邀副会长

副主任

乔　杰　全国餐饮职业教育教学指导委员会副主任委员、中国烹饪协会副会长

黄维兵　全国餐饮职业教育教学指导委员会副主任委员、中国烹饪协会副会长、四川旅游学院原党委书记

贺士榕　全国餐饮职业教育教学指导委员会副主任委员、中国烹饪协会餐饮教育委员会执行副主席、北京市劲松职业高中原校长

王新驰　全国餐饮职业教育教学指导委员会副主任委员、扬州大学旅游烹饪学院原院长

卢　一　中国烹饪协会餐饮教育委员会主席、四川旅游学院校长

张大海　全国餐饮职业教育教学指导委员会秘书长、中国烹饪协会副秘书长

郝维钢　中国烹饪协会餐饮教育委员会副主席、原天津青年职业学院党委书记

石长波　中国烹饪协会餐饮教育委员会副主席、哈尔滨商业大学旅游烹饪学院院长

于干千　中国烹饪协会餐饮教育委员会副主席、普洱学院原副院长

陈　健　中国烹饪协会餐饮教育委员会副主席、顺德职业技术学院酒店与旅游管理学院院长

赵学礼　中国烹饪协会餐饮教育委员会副主席、西安商贸旅游技师学院院长

吕雪梅　中国烹饪协会餐饮教育委员会副主席、青岛烹饪职业学校校长

符向军　中国烹饪协会餐饮教育委员会副主席、海南省商业学校原校长

薛计勇　中国烹饪协会餐饮教育委员会副主席、中华职业学校副校长

王　劲　常州旅游商贸高等职业技术学校副校长

王文英　太原慈善职业技术学校校长助理

王永强　东营市东营区职业中等专业学校副校长

王吉林　山东省城市服务技师学院院长助理

王建明　青岛酒店管理职业技术学院烹饪学院院长

王辉亚　武汉商学院烹饪与食品工程学院党委书记

邓　谦　珠海市第一中等职业学校副校长

冯玉珠　河北师范大学学前教育学院（旅游系）原副院长

师　力　西安桃李旅游烹饪专修学院副院长

吕新河　南京旅游职业学院烹饪与营养学院院长

朱　玉　大连市烹饪中等职业技术专业学校副校长

庄敏琦　厦门工商旅游学校校长、党委书记

刘玉强　辽宁现代服务职业技术学院院长

闫喜霜　北京联合大学餐饮科学研究所所长

孙孟建　黑龙江旅游职业技术学院院长

李　俊　武汉职业技术学院旅游与航空服务学院院长

李　想　四川旅游学院烹饪学院院长

李顺发　郑州商业技师学院副院长

张令文　河南科技学院食品学院副院长

张桂芳　上海市商贸旅游学校副教授

张德成　杭州市西湖职业高级中学校长

陆燕春　广西商业技师学院院长

陈　勇　重庆市商务高级技工学校副校长

陈全宝　长沙财经学校校长

陈运生　新疆职业大学教务处处长

林苏钦　上海旅游高等专科学校酒店与烹饪学院副院长

周立刚　山东银座旅游集团总经理

周洪星　浙江农业商贸职业学院副院长

赵　娟　山西旅游职业学院副院长

赵汝其　佛山市顺德区梁銶琚职业技术学校副校长

侯邦云　云南优邦实业有限公司董事长、云南能源职业技术学院现代服务学院院长

姜　旗　兰州市商业学校校长

聂海英　重庆市旅游学校校长

贾贵龙　深圳航空有限责任公司配餐部经理

诸　杰　天津职业大学旅游管理学院院长

谢　军　长沙商贸旅游职业技术学院湘菜学院院长

潘文艳　吉林工商学院旅游学院院长

网络增值服务

使用说明

欢迎使用华中科技大学出版社医学资源网

1　教师使用流程

（1）登录网址：**http://yixue.hustp.com**（注册时请选择教师用户）

注册　＞　登录　＞　完善个人信息　＞　等待审核

（2）审核通过后，您可以在网站使用以下功能：

浏览教学资源　　建立课程　　管理学生　　布置作业　　查询学生学习记录等

教师

2　学员使用流程

（建议学员在PC端完成注册、登录、完善个人信息的操作。）

（1）PC端学员操作步骤

① 登录网址：http://yixue.hustp.com（注册时请选择普通用户）

注册　＞　登录　＞　完善个人信息

② 查看课程资源：（如有学习码，请在"个人中心—学习码验证"中先通过验证，再进行操作）

选择课程

首页课程　＞　课程详情页　＞　查看课程资源

（2）手机端扫码操作步骤

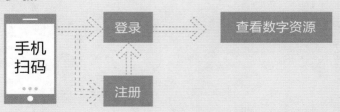

手机扫码　登录　查看数字资源

注册

开展餐饮教学研究　加快餐饮人才培养

　　餐饮业是第三产业重要组成部分,改革开放40多年来,随着人们生活水平的提高,作为传统服务性行业,餐饮业对刺激消费需求、推动经济增长发挥了重要作用,在扩大内需、繁荣市场、吸纳就业和提高人民生活质量等方面都做出了积极贡献。就经济贡献而言,2018年,全国餐饮收入42716亿元,首次超过4万亿元,同比增长9.5%,餐饮市场增幅高于社会消费品零售总额增幅0.5个百分点;全国餐饮收入占社会消费品零售总额的比重持续上升,由上年的10.8%增至11.2%;对社会消费品零售总额增长贡献率为20.9%,比上年大幅上涨9.6个百分点;强劲拉动社会消费品零售总额增长了1.9个百分点。全面建成小康社会的号角已经吹响,作为满足人民基本需求的饮食行业,餐饮业的发展好坏,不仅关系到能否在扩内需、促消费、稳增长、惠民生方面发挥市场主体的重要作用,而且关系到能否满足人民对美好生活的向往、实现小康社会的目标。

　　一个产业的发展,离不开人才支撑。科教兴国、人才强国是我国发展的关键战略。餐饮业的发展同样需要科教兴业、人才强业。经过60多年特别是改革开放40多年来的大发展,目前烹饪教育在办学层次上形成了中职、高职、本科、硕士、博士五个办学层次;在办学类型上形成了烹饪职业技术教育、烹饪职业技术师范教育、烹饪学科教育三个办学类型;在学校设置上形成了中等职业学校、高等职业学校、高等师范院校、普通高等学校的办学格局。

　　我从全聚德董事长的岗位到担任中国烹饪协会会长、全国餐饮职业教育教学指导委员会主任委员后,更加关注烹饪教育。在到烹饪院校考察时发现,中职、高职、本科师范专业都开设了烹饪技术课,然而在烹饪教育内容上没有明显区别,层次界限模糊,中职、高职、本科烹饪课程设置重复,拉不开档次。各层次烹饪院校人才培养目标到底有哪些区别?在一次全国餐饮职业教育教学指导委员会和中国烹饪协会餐饮教育委员会的会议上,我向在我国从事餐饮烹饪教育时间很久的资深烹饪教育专家杨铭铎教授提出了这一问题。为此,杨铭铎教授研究之后写出了《不同层次烹饪专业培养目标分析》《我国现代烹饪教育体系的构建》,这两篇论文回答了我的问题。这两篇论文分别刊登在《美食研究》和《中国职业技术教育》上,并收录在中国烹饪协会发布的《中国餐饮产业发展报告》之中。我欣喜地看到,杨铭铎教授从烹饪专业属性、学科建设、课程结构、中高职衔接、课程体系、课程开发、校企合作、教师队伍建设等方面进行研究并提出了建设性意见,对烹饪教育发展具有重要指导意义。

　　杨铭铎教授不仅在理论上探讨烹饪教育问题,而且在实践上积极探索。2018年在全国餐饮职业教育教学指导委员会立项重点课题"基于烹饪专业人才培养目标的中高职课程体系与教材开发研究"(CYHZWZD201810)。该课题以培养目标为切入点,明晰烹饪专业人才培养规格;以职业技能为结合点,确保烹饪人才与社会职业有效对接;以课程体系为关键点,通过课程结构与课程标准精准实现培养目标;以教材开发为落脚点,开发教学过程与生产过程对接的、中高职衔接的两套烹饪专业课程系列教材。这一课题的创新点在于:研究与编写相结合,中职与高职相同步,学生用教材与教师用参考书相联系,资深餐饮专家领衔任总主编与全国排名前列的大学出版社相协作,编写出的中职、高职系列烹饪专业教材,解决了烹饪专业文化基础课程与职业技能课程脱节,专业理论课程设置重复,烹饪技能课交叉,职业技能倒挂,教材内容拉不开层次等问题,是国务院《国家职业教育改革实施方案》提出的完善教育教学相关标准中的持续更新并推进专业教学标准、课程标准建设和在职业院校落地实施这一要求在烹饪职业教育专业的具体举措。基于此,我代表中国烹饪协会、全国餐饮职业教育教学指导委员会向全国烹饪院校和餐饮行业推荐这两套烹饪专业教材。

习近平总书记在党的十九大报告中将"两个一百年"奋斗目标调整表述为:到建党一百年时,全面建成小康社会;到新中国成立一百年时,全面建成社会主义现代化强国。经济社会的发展,必然带来餐饮业的繁荣,迫切需要培养更多更优的餐饮烹饪人才,要求餐饮烹饪教育工作者提出更接地气的教研和科研成果。杨铭铎教授的研究成果,为中国烹饪技术教育研究开了个好头。让我们餐饮烹饪教育工作者与餐饮企业家携起手来,为培养千千万万优秀的烹饪人才、推动餐饮业又好又快地发展,为把我国建成富强、民主、文明、和谐、美丽的社会主义现代化强国增添力量。

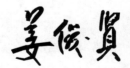

全国餐饮职业教育教学指导委员会主任委员

中国烹饪协会会长

出版
说明

《国家中长期教育改革和发展规划纲要（2010—2020年）》及《国务院办公厅关于深化产教融合的若干意见》（国办发〔2017〕95号）等文件指出：职业教育到2020年要形成适应经济发展方式的转变和产业结构调整的要求，体现终身教育理念，中等和高等职业教育协调发展的现代教育体系，满足经济社会对高素质劳动者和技能型人才的需要。2019年初，国务院印发的《国家职业教育改革实施方案》中更是明确提出了提高中等职业教育发展水平、推进高等职业教育高质量发展的要求及完善高层次应用型人才培养体系的要求；为了适应"互联网十职业教育"发展需求，运用现代信息技术改进教学方式方法，对教学教材的信息化建设应配套开发信息化资源。

随着社会经济的迅速发展和国际化交流的逐渐深入，烹饪行业面临新的挑战和机遇，这就对新时代烹饪职业教育提出了新的要求。为了促进教育链、人才链与产业链、创新链有机衔接，加强技术技能积累，以增强学生核心素养、技术技能水平和可持续发展能力为重点，对接最新行业、职业标准和岗位规范，优化专业课程结构，适应信息技术发展和产业升级情况，更新教学内容，在基于全国餐饮职业教育教学指导委员会2018年度重点课题"基于烹饪专业人才培养目标的中高职课程体系与教材开发研究"（CYHZWZD201810）的基础上，华中科技大学出版社在全国餐饮职业教育教学指导委员会副主任委员杨铭铎教授的指导下，在认真、广泛调研和专家推荐的基础上，组织了全国90余所烹饪专业院校及单位，遴选了近300位经验丰富的教师和优秀行业、企业人才，共同编写了本套餐饮职业教育创新技能型人才培养新形态一体化系列教材、全国餐饮职业教育教学指导委员会重点课题"基于烹饪专业人才培养目标的中高职课程体系与教材开发研究"成果系列教材。

本套教材力争契合烹饪专业人才培养的灵活性、适应性和针对性，符合岗位对烹饪专业人才知识、技能、能力和素质的需求。本套教材有以下编写特点：

1. 权威指导，基于科研　本套教材以全国餐饮职业教育教学指导委员会的重点课题为基础，由国内餐饮职业教育教学和实践经验丰富的专家指导，将研究成果适度、合理落脚于教材中。

2. 理实一体，强化技能　遵循以工作过程为导向的原则，明确工作任务，并在此基础上将与技能和工作任务集成的理论知识加以融合，使得学生在实际工作环境中，将知识和技能协调配合。

3. 贴近岗位，注重实践　按照现代烹饪岗位的能力要求，对接现代烹饪行业和企业的职业技能标准,将学历证书和若干职业技能等级证书("1＋X"证书)内容相结合,融入新技术、新工艺、新规范、新要求,培养职业素养、专业知识和职业技能,提高学生应对实际工作的能力。

4.编排新颖,版式灵活　注重教材表现形式的新颖性,文字叙述符合行业习惯,表达力求通俗、易懂,版面编排力求图文并茂、版式灵活,以激发学生的学习兴趣。

5.纸质数字,融合发展　在媒体融合发展的新形势下,将传统纸质教材和我社数字资源平台融合,开发信息化资源,打造成一套纸数融合一体化教材。

本系列教材得到了全国餐饮职业教育教学指导委员会和各院校、企业的大力支持和高度关注,它将为新时期餐饮职业教育做出应有的贡献,具有推动烹饪职业教育教学改革的实践价值。我们衷心希望本套教材能在相关课程的教学中发挥积极作用,并得到广大读者的青睐。我们也相信本套教材在使用过程中,通过教学实践的检验和实际问题的解决,能不断得到改进、完善和提高。

前言

餐饮业是我国经济发展的一个重要支柱。改革开放以来,随着人民生活水平的提高和人们对餐饮业需求的急剧增长,餐饮业呈现空前繁荣的景象。我国的中高职烹饪教育得到了快速的发展,但目前各省市烹饪专业的培养目标、课程结构、课程内容、教学方法有所区别,缺乏系统性、规范性和科学性,中高职烹饪教学衔接一直是一个亟待解决的问题。面对新的形势,我们组织优秀行业、企业人才和具有丰富教学经验的骨干教师共同讨论、调研,编写了适合中职烹饪专业使用的教材,在总结和继承传统烹调工艺精华的同时,注重素质教育和技能的培养,对于中职烹饪专业教学有着较高的指导作用。

"中餐烹调技艺"是中职学校烹饪专业的主干课程,该课程以职业技能活动为主体,将素质培养与职业技能标准相结合,把中餐烹调师需掌握的理论知识和职业技能作为课程培养目标,力求使教材内容涵盖国家职业技能标准的有关知识和技能,实现烹饪专业中职人才的培养目标与岗位需求相衔接,课程标准与职业技能标准对接,把基本概念、操作程序等知识融入实践操作中,实行理论与实践一体化教学。通过实践训练,学生能掌握代表性菜肴的烹调技术,并能做到举一反三,加深对烹调技术的理解和运用。

本书共分为九个项目,以任务为载体实现教学,遵循由简单到复杂的认知规律,增加了具有趣味性、实用性的知识点,在参考同类教材的基础上,增加了低温烹饪及分子料理知识,以及厨房设备、学生素质岗位要求、课程思政内容,对中职学生教学目标定位明确,便于学生对知识和技能的掌握,以期实现教材结构的科学性与学生职业生涯可持续发展相结合。

本书由西安商贸旅游技师学院顾程林、杭州市西湖职业高级中学厉志光、海南省商业学校苏鹏主编。项目一由云南省曲靖应用技术学校许尚敏编写,项目二由西安商贸旅游技师学院曹杰编写,项目三由杭州市西湖职业高级中学刘赟编写,项目四由苏鹏编写,项目五由哈尔滨技师学院尹贻忠、无锡旅游商贸高等职业技术学校吴晶及李旻岱、无锡江陌餐饮管理有限公司徐晏旸、长沙财经学校许国帅编写,项目六由厉志光编写,项目七由顾程林编写,项目八由大连市旅顺口区职业教育中心马成、西安商贸旅游技师学院牛欢、珠海市欧亚技工学校李政编写,项目九由大连市烹饪中等职业技术专业学校董衍涵编写。全书课程思政特色模块由厉志光拟定编写思路和方案。

本书在编写过程中得到了哈尔滨商业大学杨铭铎教授的指导,也得到了各级领导、行业专家的指导和大力支持,并且参阅了一些已出版的相关资料,在此一并致谢。

由于编写时间仓促,编者水平有限,书中尚有疏漏和不妥之处,请广大读者批评指正。

编 者

项目一

认识中餐

扫码看课件

项目描述

　　在我国的发展历程中,形成了具有很强地域特色的饮食文化,并且得到了世界的公认。我国的饮食文化之所以能够蜚声海内外,最主要的原因就在于在烹调技艺方面形成了自身的特色。在这些传统烹调技艺的帮助下,我们制作出了美味可口的菜肴。随着经济的快速发展和社会的不断进步,人们的思想意识形态及文化氛围也在不断发生变化。基于此,我们的传统烹调技艺也要不断创新,这样才能适应时代的发展要求。本项目从中餐传统烹调技艺的特点入手,来探究新形势下如何对中餐传统烹调技艺进行创新。

项目目标

　　1.了解和掌握烹调的概念和作用。
　　2.了解烹调的起源和各时期不同的发展状况。
　　3.掌握中餐菜肴的特点。
　　4.了解中餐菜肴各地域的风味流派特征。

项目内容

　　1.烹调的概念、作用。
　　2.烹调的起源、发源。
　　3.中餐菜肴的特点及风味流派。
　　4.中餐烹调的基本工艺流程。

任务一　烹调概述

→ 主题知识

一、烹调的概念

　　广义地说,烹饪是对食物原料进行热加工,将生的食物原料加工成熟的食品的过程;狭义地说,烹饪是指对食物原料进行合理选择调配、洗净加工、加热调味,使之成为色、香、味、形、质、养兼美,安全无害,利于吸收、益人健康、强人体质的食品的过程,包括调味熟食,也包括调制生食。

1

烹调是制作菜肴的一项专门技术,行业习惯称之为"红案",泛指菜肴的制作。它是通过恰当的温度控制、合理的调味、科学的烹制,把加工整理、切配成形的食物原料,烹调成符合营养卫生要求、美观可口的菜肴,并使食物原料得到合理使用的技术,具有一定的艺术性和科学性。

"烹调"一词的出现,比"烹饪"要晚,较早使用"烹调"一词的是宋代诗人陆游,他在《剑南诗稿·种菜》诗中写道:"菜把青青间药苗,豉香盐白自烹调。"陆游所说的"烹调",本意是烹炒调制,和历史上的"烹饪"概念基本相同。随着历史的发展,烹调已逐渐演变成一门制作菜肴的技艺。

烹饪包含着烹调,烹调是烹饪活动的一部分。狭义上的烹调仅指菜肴制作过程中的烹制和调制,广义上的烹调则指菜肴制作的方法和程序,即烹调技艺。

烹调技艺就是将经过恰当选料、初步加工整理、切配成形的食物原料,通过加热和调味等综合技艺,制成符合预期规格和风味要求的菜肴的操作过程。

二、烹调的作用

(1)杀菌消毒,确保食物卫生、食用安全。一般生的动植物原料,或多或少带有一些对人体健康有害的病菌或寄生虫。它们在85 ℃左右时,一般可以被杀死,而我们烹调时所用的各种传热介质的温度一般在100 ℃以上。还有部分动植物原料带有天然毒素,如四季豆、红腰豆、白腰豆中含有植物凝集素,鲜黄花菜中含有秋水仙碱,竹笋中含有生氰糖苷等,这些毒素在原料煮透后均可被分解。加热能使具有凝固红细胞作用的植物凝集素等有害物质失去活性,提高食用安全性。

(2)分解食物养分,便于人体消化吸收营养素。烹调原料中的部分营养素在加热时可以得到初步分解,利于人体消化吸收。例如,蛋白质在受热达到一定程度后发生热变性,提高了蛋白酶的水解效率,提高了消化率。另外,一部分蛋白质发生水解反应,部分肽链被破坏,逐渐水解为相对分子质量较小的氨基酸和其他含氮化合物,易被人体吸收。

(3)增进食物色泽,丰富食物色彩。合理控制原料颜色在加热过程中的变化,可使菜肴呈现自然的色泽之美。在弱碱性条件下加热,可使蔬菜保持鲜绿色;虾、蟹类中的虾青素在烹调加热后可以变成橘红色;细嫩的动物性原料上浆滑油后变得洁白;高温下,白糖经过焦糖化反应,可以拔出金黄色的甜丝;动物性原料在高温油炸时,可以发生反应,产生诱人食欲的红褐色。调味料除了调和滋味外,还能赋予菜肴各种各样的颜色。

(4)去异增香,促进风味物质形成。原料的天赋之味并非样样迷人,有的还伴随一些腥膻异味,如羊肉的膻味、鱼的腥味等。这些异味可以通过焯水、过油、腌制以及选择性地加入调味料(如葱、姜、蒜、黄酒、醋等)加以去除,同时,也为菜肴增添了香味。

(5)改变食物质地,满足口感需要。菜肴的质感是指由视觉和触觉两种感受结合起来而产生的一种心理感受,如光滑、细嫩、软滑、爽滑、坚实、蓬松、干燥、湿润等。与菜肴其他的优良属性一样,优良的质感能引起人们的食欲。

每种菜肴都有其特定的质感要求,厨师根据质感美的标准,进行严格选料、精心切制、科学配伍,准确把握火力大小、加热时间长短、出锅时机等,使每一种菜肴显现适口质感。

(6)改善食物外观形态,满足食物造型需要。食物的外形影响菜肴的整体质量。通过烹调,食物的外观形态得到改善并形成菜肴的独特造型。

三、烹调的起源

(一)烹的起源

在原始社会,人们一开始不知道利用火,东西都是生吃的,打来的野兽也是生吞活剥,连毛带血地食用。后来因雷电而引起森林火灾,当火熄灭之后,原始人轻松获得了一些没来得及逃脱而被烧死的野兽尸体来充饥,感觉比生肉鲜美,也容易咀嚼。"有圣人作,钻燧取火以化腥臊,而民说(悦)

之,使王天下,号之曰燧人氏。"这说明"烹"起源于对火的利用。原始人从此之后认识到了火的重要性,并学会了运用火来烹(烤)制食物。

（二）调的起源

人类最早何时开始食用盐,迄今尚无史籍记载或考古资料可以确切说明。但可以想象的是,如同火的使用,盐的发现和食用,同样经历了极其漫长的岁月。古代先民处于"食草木之实,鸟兽之肉,饮其血,茹其毛"的蒙昧时代,尚不知何为咸味,亦不知盐为何物。后世人们在祭祀用的肉汤中不加盐,即所谓"大羹不致"以表示对古礼的遵循。司马迁在《史记·乐书》中对这种古礼也做了记载:大飨之礼,尚玄酒而俎腥鱼,大羹不和,有遗味者矣。这些记载都可视为古代先民原本不知盐、不识盐的佐证。因此可以推论,古代先民确实曾经历过一个不知食用盐的漫长的历史时期。

后来古代先民经过无数次随机性地品尝海水、咸湖水、盐岩、盐土等,尝到了咸味的香美,并将自然生成的盐添加到食物中去,发现有些食物带有咸味比本味要香,经过尝试以后,就逐渐将盐用作调味料了。

（三）发明烹调的重大意义

恩格斯曾说:火的发明和使用,第一次使人支配了一种自然力,从而最终把人同动物分开。熟食是人类发展的主要条件,而烹调的发明,则是人类进化的一个关键因素,是人类发展史上的里程碑。烹调的发明具有以下几个方面的意义。

（1）火熟食物改变了人类茹毛饮血的野蛮的原始生活方式。这是人类改造客观世界的一项成果。在摄食以维持生存这一主要生活方式上,使人类最终区别于动物,从而开始了人类文明的新时期。

（2）先烹后食是人类饮食史上的一次大飞跃。烹调可以杀菌消毒、改善滋味、减少咀嚼的负担。熟食利于消化,使人体能从食物中汲取更多的营养素,促进人类健康和体质增强,为人类智力和体力的进一步发展创造了有利条件。

（3）发明烹调后,人类扩大了食物的来源,逐渐懂得吃鱼类等水产品,为了就近获得水产品,人类开始迁移到江河岸边居住,最终脱离了与野兽为伍的生活环境。

（4）在摄入熟食以后,由于人类吸收的营养素多而全面,饱腹感和耐饥饿感增强,人类逐渐养成了定时饮食的习惯,从而有更多的时间从事其他生产活动。

（5）通过烹调,人类渐渐知道怎样使用饮食器皿,进而懂得了生活上的一些礼节,开始向文明人过渡了。

四、烹调的发展

（一）萌芽时期

萌芽时期又称火烹时期,始于人类用火熟食,终于陶器发明前夜,相当于我国旧石器时代的中晚期,历经50余万年。

用火熟食孕育了原始烹饪,奠定了人类饮食史上第一次大飞跃的基础。人类学会用火熟食后,或将食物靠近火堆直接烧烤,或在食物外表涂裹上草泥后再去烧烤,或将石板、石子烧热后把热传给食物,或在火堆的余烬中煨熟食物,加热方法逐渐增多。这段时期不仅孕育了原始烹饪,还为后世烹饪的发展积累了原始经验。

（二）形成时期

此期又称陶烹时期,始于陶器发明,终于新石器时代,历经五六千年。陶罐、陶釜等是先民发明的第一代炊具,它促进了煮、炖、蒸、焖等以水为传热介质的系列烹饪技法的陆续问世,可以把稻、粟、豆等谷物制成粥饭等食品,从而促进了农业生产发展,使人们从完全依赖自然采集、渔猎逐步发展到采用农耕和畜牧的生产方式。陶器还为煮制海盐提供了工具,使烹饪有了简单的调制技法。

（三）发展时期

此期又称铜烹时期,始于公元前二十一世纪,终于公元前五世纪,历经一千五百多年。

青铜器的出现及其在烹饪中的应用,对中国烹饪历史具有划时代的意义。这标志着中国的烹饪器具进入了金属时代,极大地促进了中国烹饪技术的提高。原料以种养的为主,各种调味料日益丰富,烹饪技艺初步形成体系,出现了"食不厌精,脍不厌细"的审美要求。青铜刀具为庖人研习刀工技术提供了利器,青铜炊具更耐高温,可以熬炼动物油脂,使煎、炸、油炒等油烹技法相继问世。食品种类迅速增多并形成了中国南北方不同的风味流派。饮食市场和筵宴礼仪初步形成,为后世繁荣奠定了基础。

（四）繁荣时期

此期又称铁烹时期,始于秦汉时期,终于清代末年,历经两千余年。

铁鼎最早见于春秋晚期,秦汉时期铁器大量出现,铁制炊具才广泛应用于烹饪,由此带来了烹饪多个方面的巨大变化。铁锅和煤灶的优势使人们掌握了爆炒等旺火速成的烹饪技法;铁制刀具更锋利耐用;瓷质餐具逐步取代了陶器和青铜器;豆腐和植物油脂的制取方法对中国烹饪产生了深远的影响;餐饮市场日趋繁荣。

（五）当代烹饪逐步增强科学性

从清末直到今日,中国烹饪虽然仍在使用一些铁制炊具,但厨房设备、加热能源、烹饪工艺等都在急骤变化,进入了一个新时代,其最鲜明的特征就是科学性逐步增强。

电力能源被广泛应用,加工机械和制冷设备越来越先进,工作环境和劳动强度不断改善,电烤炉、电蒸锅、微波炉、电磁灶等一批又一批新型炊具不断应用于餐饮企业,煤气、天然气已成为大中城市餐饮企业的主要燃料,能源和设备的科技含量与日俱增;无土栽培、人工养殖等方式为烹饪提供了大批优质原料。人们的餐饮时尚和烹饪理念越来越具有科学性。中国传统的食疗养生科学与现代营养科学相互渗透,宏观把握总体与微观量化分析相结合等科学理念正在促使中国烹饪事业朝现代化和科学化方向前进。

历史留下了人们勇于探索的足迹,写下了昔日的辉煌;历史将不断推进,人们将继往开来,勇往直前,再创新高。中国烹饪必将续写更加灿烂的新篇章,为人类文明进步做出新贡献。

任务二　中餐菜肴的特点

主题知识

一、中餐菜肴的特点

（一）原料广博,菜品丰富

我国疆域辽阔、地形多样、气候温和、雨量充沛,为各种动植物繁衍生息提供了良好的自然环境。因此,原料来源广泛,并且品质优良,米麦黍豆、菜蔬籽仁、花果菌藻、肉鱼蛋乳、山珍海味,无不入馔。

丰富的原料为菜品制作提供了物质基础。据初步统计,我国各地菜品总数有数万种,既有经济、方便的大众便餐菜品,又有乡土气息浓郁的民间菜品;有讲究实惠的酒席菜品,也有各物纷呈的筵席菜品;有因地、因时而异的四季菜品,又有注重口味、随意组合的家常菜品,还有齐味万方的全席菜品,更有传统疗疾健身的药膳,数以万计的美味佳肴构成了我国繁荣璀璨的菜肴体系。

（二）选料严谨，物尽其用

中餐菜肴历来注重选料，根据各种原料的物性差异合理使用，不仅质地精美、营养丰富，而且易于消化吸收，去粗取精，因料而做。例如，白切鸡，须选用质地肥嫩的仔鸡；北京烤鸭，以正宗北京填鸭为原料，才能有皮脆肉嫩味醇的效果。

物尽其用是中国烹饪的优良传统，广大烹饪工作者深知"粒粒皆辛苦"，对购入的各种原料都十分珍惜。同一原料，根据不同部位分档，制成了不同风味的菜肴，如猪、牛、羊等大型原料，除毛、齿、角、蹄、甲不用之外，其余按部位或器官分别制菜，无论原料形状大小、货值贵贱，经过合理加工和精烹细调，均能制作出各式各样的美味佳肴。

（三）刀工精湛，成形美观

中餐菜肴刀工精妙，名目众多，是国外菜肴所无法比拟的，一些特殊的刀工技法，是机械加工无法实现的，堪称我国烹调技术之一绝。我国目前有切、斩、剁、砍、排、剞、削、拍、敲等刀法不下百种，多变的刀法适应了各种质地原料的需要，使中国厨师在刀工处理时"游刃有余"，达到美化菜肴的目的。

"刀下生花"，精确地反映了中餐菜肴的成形艺术。经过刀工处理的原料，形成了栩栩如生、生动逗人的各种象形，从而使菜品产生了较强的艺术性。例如，剞刀法能把原料加工成麦穗形、菊花形、兰花形等花草形状；冷菜切拼龙凤呈祥、喜鹊闹梅等以及象形面点既是菜点制品，也是精美的艺术品；切雕技术将各种瓜果蔬菜切雕成平面、立体盘饰，烘托宴会气氛，使观者动容、食者动情，给人美好的艺术享受。

（四）技法丰富，精于火候

中国烹饪技法丰富，变化多端，经过历代劳动人民的长期实践，特别是业内人士的潜心研究，形成了几十类近百余种烹调方法，以炸、熘、爆炒、炖、焖、蒸、煮、烧、扒、煎、烤等较为常见。同时各地又有带有地方特色的技法，如鲁菜的油爆、苏菜的泥烤、广东菜的盐焗、川菜的干煸等各具风采。多种烹调技法既适应了多种原料的加热需要，又满足了中国烹饪讲究色香味形的要求。

火候是烹饪成败的关键。古人曾说：物无不堪吃，唯在火候，善均五味。火候准确，可以化平凡为奇妙；火候失度，山珍海味也难成美馔。火候的成因很多，演变微妙，个中奥秘不易言表，经验丰富的厨师能明察秋毫，调控有度。

（五）讲究风味，善于调和

中国烹饪把味觉审美作为烹饪艺术的主题，将风味视为菜点的灵魂。全国形成了多种风味体系。清代钱泳《履园丛话》记载：同一菜也，而口味各有不同，如北方人嗜浓厚，南方人嗜清淡……清奇浓淡，各有妙处。对风味的重视促进了烹饪艺术的发展，总结形成了众多味型，如鲜咸味、咸香味、咸甜味、香辣味、酸辣味、麻辣味、酱香味、糟香味、酒香味等，变化无穷，各显其美。

善于调和是中华民族的智慧体现，万事和为贵，味和则是饮馔之美的最佳境界。中餐使用的调味料有 500 余种，通过调理，多种呈味物质发挥综合、对比、消杀、相乘、转换作用，使菜点风味妩媚迷人。调和的标准是讲求本味为美，合乎时序为美，肴馔适口为美。既能满足人的生理需要又能适应人的心理需求，使身心美感在五味调和中得到统一。

（六）合理组配，膳食平衡

合理组配确定了中国人的膳食结构，是中国烹饪科学思想的具体化选择与权衡。食物结构既要适应基本国情，又要满足养生健身的基本需求。中国选择了"五谷为养、五果为助、五畜为益、五菜为充"的食物结构，并把主食、副食、零食三者分开，一日三餐，又通过日常饮食和筵宴活动互相调剂补充，使饮食生活丰富多彩。

膳食平衡体现了合理组配的科学性。维持人体健康及生长发育所必需的营养物质包括蛋白质、碳水化合物、脂肪、矿物质、维生素和水等。"养""助""益""充"从宏观上满足了人体对营养物质的需求，五谷为养抓住了营养的根本，在畜、菜、果的配合下，主副食互相补充，可使人体得到全面而均衡的营养。

（七）地方性强，各具风格

由于各地区的自然气候、地理环境、经济物产、饮食习俗等不同，中国烹饪形成了风格各异的地方特色。华夏大地无论从东到西，还是从南到北，每到一处都能感受到烹饪的地方特色。各地区的烹饪技法、宴席组合、菜点用料及其风味都凸显出地方性，各地区均拥有一批当地的名特菜点。

（八）盛器考究，精巧美观

美食不如美器。精美的餐具对菜点具有一定的衬托作用，美食与美器的和谐统一是中国烹饪的显著特点。中国的盛器精致美观，有若玉似冰的白瓷器、青如玉薄如纸声如磬的青瓷器、紫红光亮的紫砂器，还有千姿百态的金器、银器、铜器、玉器等，各种盛器造型精致、图纹美丽，把盛放其中的菜点衬托得雅致而庄重。

盛器精美乃工匠奉献，烹饪艺术则体现在如何配用得体上。"唯是宜碗者碗，宜盘者盘，宜大者大，宜小者小，参错其间，方觉生色"（《随园食单》）。道出菜点选配的规律性，食、器配合首先要讲究和谐之美，再者要创造精巧之美，使菜点与盛器天缘地合，顺乎自然，或创意新颖，出人意料又使人心悦诚服。

二、中餐菜肴的风味流派

中餐菜肴在烹饪中有许多流派。其中较有影响和代表性，也为社会所公认的有鲁菜、川菜、粤菜、闽菜、苏菜、浙菜、湘菜、徽菜，即人们常说的中国"八大菜系"。"八大菜系"加上楚菜和京菜，即为"十大菜系"。

四大菜系分别指鲁菜、川菜、粤菜、苏菜。一种菜系的形成与它的悠久历史和烹饪特色是分不开的，同时受到当地自然地理、气候条件、资源特产、饮食习惯等的影响。有人把"八大菜系"用拟人化的手法描绘为：苏、浙菜好比清秀素丽的江南美女；鲁、徽菜犹如古拙朴实的北方健汉；粤、闽菜宛如风流典雅的公子；川、湘菜就像内涵丰富充实、才艺满身的名士。

（一）川菜

川菜的主要特点在于味型多样，变化精妙。辣椒、胡椒、花椒、豆瓣酱等是主要调味料，不同的配比，化出了麻辣、酸辣、椒麻、麻酱、蒜泥、芥末、红油、糖醋、鱼香、怪味等各种味型，无不厚实醇浓，具有"一菜一格""百菜百味"的特殊风味，各式菜点无不脍炙人口。川菜是中国最有特色的菜系，因此全国闻名，有成都、重庆两个流派。

❶ **川菜特征** 素来享有"一菜一格""百菜百味"的声誉。川菜在烹调方法上，有炒、煎、干烧、炸、熏、泡、炖、焖、烩、贴、爆等三十八种之多。在口味上特别讲究色、香、味、形，兼有南北之长，以味多、广、厚著称。历来有"七味"（甜、酸、麻、辣、苦、香、咸）、"八滋"（干烧、酸、辣、鱼香、干煸、怪味、椒麻、红油）之说。

❷ **川菜历史** 据史书记载，川菜起源于古代的巴国和蜀国。自秦代至三国时期，成都逐渐成为四川地区的政治、经济、文化中心，使川菜得到较大发展。

早在一千多年前，西晋文学家左思所著《蜀都赋》中便有"金罍中坐，肴隔四陈，觞以清酊，鲜以紫鳞"的描述。唐宋时期，川菜更为人们所喜爱。诗人陆游曾有"玉食峨眉木耳，金齑丙穴鱼"的诗句赞美川菜。元、明、清建都北京后，随着入川官吏增多，大批北京厨师前往成都落户，经营饮食业，因而川菜又得到了进一步发展，逐渐成为我国的主要地方菜系。

❸ **川菜名菜** 有宫保鸡丁、麻婆豆腐、灯影牛肉、樟茶鸭子、毛肚火锅、鱼香肉丝等三百多种。

（二）粤菜

粤菜即广东菜，是中国传统四大菜系、八大菜系之一，发源于岭南。粤菜由广州菜（也称广府菜）、潮州菜（也称潮汕菜）、东江菜（也称客家菜）三种地方风味菜组成，三种风味菜各具特色。

广州菜的覆盖范围包括珠江三角洲和韶关、湛江等地，用料丰富，选料精细，技艺精良，清而不淡，鲜而不俗，嫩而不生，油而不腻。擅长小炒，要求火候和油温恰到好处。还兼容许多西菜做法，讲究菜的气势、档次。潮州菜发源于潮汕地区，汇闽、粤两家之长，自成一派。以烹制海鲜见长，汤类、素菜、甜菜极具特色。刀工精细，口味清纯。东江菜起源于广东东江一带，菜品多用肉类，极少水产，主料突出，讲究香浓，下油重，味偏咸，以砂锅菜见长，有独特的乡土风味。

❶ **粤菜特征** 粤菜可选原料多，选料精细。粤菜讲究原料的季节性，"不时不食"。吃鱼，有"春鳊秋鲤夏三犁（鲥鱼）隆冬鲈"；吃虾，"清明虾，最肥美"；吃蔬菜要挑"时菜"，是指合季节的蔬菜，如菜心为"北风起菜心最甜"。除了选原料的最佳肥美期之外，粤菜还特别注意选择原料的最佳部位。粤菜味道讲究"清、鲜、嫩、滑、爽、香"，追求原料的本味、清鲜味，粤菜调味料种类繁多，遍及酸、甜、苦、辣、咸、鲜。但只用少量姜葱、蒜头做"料头"，而少用辣椒等辛辣性调味料，也不会大咸大甜。这种追求清淡、追求鲜嫩、追求本味的特色，既符合广东的气候特点，又符合现代营养学的要求，是一种科学的饮食文化。

❷ **粤菜历史** 据唐代《通历》记载，广州最早叫楚庭。秦始皇统一全国后正式称为广州。由于它地处珠江三角洲，水上交通四通八达，所以很早便是岭南的政治、经济、文化中心。唐代时，广州已成为世界上最著名的港口，饮食文化也比较发达。由于广东是我国较早对外通商的口岸之一，在长期与西方国家经济往来和文化交流中吸收了一些西菜烹调方法，加上外地菜馆在广州大批出现，促进了粤菜的形成和发展。另外，广东地处东南沿海，气候温和，物产丰富，可供食用的动物、植物品种繁多。

清末时期，粤菜被广东商人带到上海。民国时期，粤菜在上海逐渐取得霸主地位，并赢得"国菜"的殊荣，"食在广州"的声誉便由此而起。粤菜更被广东华侨带到世界各地，成为最有国际影响力的中餐菜系，是中餐菜肴在国外的代表菜系。

❸ **粤菜名菜** 经典粤菜有烤乳猪、清蒸东星斑、烧鹅、白切鸡、红烧乳鸽、蜜汁叉烧、脆皮烧肉、上汤焗龙虾、鲍汁扣辽参、白灼象拔蚌、椰汁冰糖燕窝、麒麟鲈鱼、椒盐濑尿虾、蒜香骨、白灼虾、干炒牛河、广东早茶、老火靓汤、罗汉斋、广式烧填鸭、豉汁蒸排骨、菠萝咕噜肉、玫瑰豉油鸡、萝卜牛腩煲、潮州牛肉丸、潮汕鱼丸、生菜龙虾、鸳鸯膏蟹、潮州打冷、卤鹅肝、蚝烙、芙蓉虾、沙茶牛肉、客家酿豆腐、梅干菜扣肉、盐焗鸡、猪肚包鸡、盆菜等。

（三）苏菜

苏菜即江苏菜，其烹调技艺以炖、焖、煨著称，重视调汤，保持原汁原味。原为江浙菜系，是中国长江中下游地区的著名菜系，其覆盖地域甚广，包括现今江苏、浙江、安徽、上海，以及江西、河南部分地区，它有"东南第一佳味""天下之至美"之誉，声誉远播海内外。江浙菜系可分为淮扬菜、南京菜、徐州菜、苏南菜、浙江菜（浙菜）、徽州菜（徽菜）。后来浙菜、徽菜以其鲜明特色列入八大菜系之一。这样，淮扬菜成为江苏菜系中最有名气的菜种。淮扬菜是以扬州、淮安为中心，以大运河为主干，南至镇江，北至洪泽湖、淮河一带，东至沿海地区的地方风味菜。淮扬菜选料严谨，讲究鲜活，主料突出，刀工精细，擅长炖、焖、烧、烤，重视调汤，讲究原汁原味，并精于造型，瓜果雕刻栩栩如生。口味咸淡适中，南北皆宜，并可烹制"全鳝席"。淮扬细点，造型美观，口味繁多，制作精巧，清新味美，四季有别。

江苏菜除上述淮扬菜外还包括南京菜、无锡菜和徐州菜等地方菜系。南京菜烹调擅长炖、焖、叉、烤。特别讲究七滋七味，即酸、甜、苦、辣、麻、咸、香，鲜、烂、酥、嫩、脆、浓、肥。南京菜以善制鸭馔而出名，素有"金陵鸭馔甲天下"的美誉。无锡菜擅长炖、焖、煨、焐，注重保持原汁原味，花色精细，时令时鲜,甜咸适中,酥烂可口,清新腴美。现今又烹制了"无锡乾隆江南宴""无锡西施宴""苏州菜肴宴"和"太湖船菜"。徐州菜风味在历史上属鲁菜系,随时代变迁,其菜已介乎苏、鲁两大菜系之间,口味鲜咸适度,习尚五辛、五味兼崇,清而不淡、浓而不浊。其菜无论取料于何物,均注意"食疗、食补"作用。另外,徐州菜多用大蟹和狗肉,全狗席甚为著名。

❶ 苏菜特征 选料严谨,制作精致,口味适中,四季分明。在烹调技术上擅长炖、焖、烩、烧、炒,又重视调汤,保持原汁原味,风味清鲜,适应面广,浓而不腻、淡而不薄,酥烂脱骨,滑嫩爽脆。

江苏菜以南京、扬州、苏州风味为主体。

江苏各地菜肴的特点不同,扬州菜、镇江菜选料考究,刀工精细,清淡适口,制作的鸡类和江鲜富有特色,名菜较多。南京菜过去以制鸭菜盛名,口味和醇,花色菜玲珑细巧。苏州菜和无锡菜口味趋甜、配色和谐,时令菜应时迭出,特别擅长制作河鲜、湖蟹、蔬菜。

❷ 苏菜历史 江苏菜历史悠久,品种繁多。相传,我国古代第一位厨祖彭铿就出生于徐州城。"彭铿斟雉,帝何飨?"名厨彭铿好和滋味,作雉羹供食帝尧,尧很欣赏,封他建立大彭国,即今彭城徐州。春秋时期齐国易牙相传曾在徐州学艺。在古时江苏地区政治、经济和文化就比较发达,饮食文化也十分发达,烹饪技术水平也居各地的领先地位。

据《史记》《吴越春秋》等史书记载,早在两千多年前已有炙鱼、蒸鱼等不同的烹饪方法。用鸭子做菜,起源也较早,在一千四百年前,鸭子就是金陵民间爱好的佳肴,随着社会经济的发展变化,制鸭技术日益提高。最著名的金陵盐水鸭,就被人们誉为清而旨,肥而不腻,成为鸭菜中的上品佳肴。明清时期江苏菜又得到了较大发展。明代迁都北京,江苏菜也随之进入京都。清代乾隆皇帝七下江南,品尝了江苏地区松江鲈鱼、松鼠鳜鱼、"百岁羹"等无数道美味佳肴,使江苏菜声誉大增。清代文学家曹雪芹所著《红楼梦》中列举的不少菜点是江苏地区的美味佳肴。

❸ 苏菜名菜 主要有镇江肴肉、扬州煮干丝、文思豆腐、金陵盐水鸭、霸王别姬、无锡肉骨头、梁溪脆鳝、松鼠鳜鱼、母油船鸭、黄泥煨鸡等数百种。

(四)鲁菜

❶ 鲁菜特征 鲁菜有济南菜、胶东菜、孔府菜三种地方菜,以清、鲜、脆、嫩著称。胶东菜,以烹制各种海鲜菜驰名。它的烹调技术来自福山菜,烹调方法擅长爆、炸、扒、蒸,口味以鲜为主,偏重清淡,味浓厚,嗜葱蒜,尤以烹制海鲜、汤菜和各种动物内脏为长。济南菜尤重制汤,清汤、奶汤的使用及熬制都有严格规定,菜品以清鲜脆嫩著称。胶东菜起源于福山、烟台、青岛,以烹制海鲜见长,口味以鲜嫩为主,偏重清淡,讲究花色。孔府菜是"食不厌精,脍不厌细"的具体体现,其用料之精广、筵席之丰盛,堪与过去宫廷御膳相比。鲁菜调味极重、纯正醇浓,少有复杂的合成滋味,一菜一味,尽力体现原料的本味。另一特征是面食品种极多,小麦、玉米、甘薯、黄豆、高粱、小米均可制成风味各异的面食,成为筵席名点。鲁菜是形成最早的菜系,它对其他菜系的产生有重要的影响,因此鲁菜为八大菜系之首。

❷ 鲁菜历史 鲁菜是我国最早的地方风味菜。古齐鲁为孔、孟故乡,是我国文化发祥地之一。饮食文明较为发达,而且历史悠久。据记载,早在春秋时期,烹饪技术就比较发达。当时被称为厨圣的易牙,就是齐桓公的宠臣,他以烹饪调味之妙而著称于世。

《临淄县志·人物志》记载:易牙,善调五味,渑淄之水尝而知之。可见,当时齐鲁烹饪之盛胜于各地。在南北朝时期,贾思勰所著的《齐民要术》中,就总结了山东菜等北方菜盛行于北方地区,尤其在北京,鲁菜馆众多。清代宫廷菜的发展与鲁菜关系密切,直到如今北京菜以及仿膳菜中仍保持着鲁菜的某些特色。

❸ 鲁菜名菜 有炸山蝎、德州脱骨扒鸡、扒原壳鲍鱼、九转大肠、油爆大蛤、红烧海螺、糖醋黄河鲤鱼等。

（五）楚菜

❶ **楚菜特征** 《史记》中曾记载了楚地"地势饶食，无饥馑之患"。湖北省被称为"千湖之省"，楚菜以湖北得天独厚的淡水河鲜为本，鱼馔为主，汁浓芡亮，香鲜微辣，注重本色、原汁原味，菜式丰富，筵席众多，擅长蒸、煨、炸、烧、炒等烹调方法，特点是汁浓、芡稠、口重、味醇，民间肴馔以煨汤、蒸菜、肉糕、鱼丸和米制品小吃为主体，具有滚、烂、鲜、醇、香、嫩、足"七美"之说。其以武汉菜为代表。

❷ **楚菜历史** 楚菜，亦称鄂菜、荆菜，是历史较为悠久的地方菜系之一，起源于江汉平原。屈原在《楚辞》篇中，就记载楚宫佳宴中有 20 多种楚地名食，为国内有文字记载的最早的宫廷筵席菜单，著名的曾侯乙墓中竟一次出土一百多件各式各样的饮食器具，可知楚菜在春秋战国时期已具独立菜系雏形，经汉魏唐宋渐进发展，成熟于明清时期，跻身中国十大菜系之列。

❸ **楚菜派系** 楚菜派系由汉、荆、黄、襄四大风味流派组成。

（1）汉派：武汉是湖北省政治、经济、文化中心，明末清初即已成为"四大名镇"之一。20 世纪初，武汉作为华中地区经济中心，进出口贸易额仅次于上海，而超过天津和广州。商业上的繁荣，必定促进烹饪事业的发展。武汉菜覆盖范围包括武昌、汉口、黄陂、沔阳，它的本源为武汉市黄陂区的特色菜。武汉菜以黄陂菜为母体，吸取了省内外各个菜系的长处，经过长期不断演变，形成了自己的特有风格，是楚菜派系的典型代表。武汉菜选料严格，制作精细，注重刀工火候，讲究配色和造型，以烹制山珍海味见长，淡水鱼鲜与煨汤技术独具一格。口味讲究鲜、嫩、柔、软，菜品汁浓、芡亮、透味，保持营养，为楚菜之精华。代表菜有"沔阳三蒸"、黄陂三鲜、应山滑肉、海参圆子、清蒸武昌鱼、黄陂糖蒸肉、虾鲊、糯米圆子、炸藕夹等。

（2）荆派：荆沙菜是以荆州菜、沙市菜、荆门菜、宜昌菜为领衔的江汉平原菜，是楚菜的正宗，以淡水鱼鲜名馔著称，鱼糕制作技艺蜚声省内外，各种蒸菜最具特色，用芡薄，味清纯，善于保持原汁原味。代表菜有八宝海参、冬瓜鳖裙羹、荆沙鱼糕、皮条鳝鱼、蟠龙菜、千张肉等。

（3）黄派：以鄂州菜、黄石菜、黄州菜为代表，属鄂东南地方风味菜，特色是用油宽，火功足，擅长红烧、油焖、干炙，口味偏重，有浓厚的乡土气息。代表菜有东坡肉、金银蛋饺、糍粑鱼、元宝肉、三鲜千张卷、豆腐盒、虎皮蹄髈等。

（4）襄派：襄郧菜流传于襄阳、郧阳（今十堰）一带，系楚菜之北味菜，特色是以猪肉、牛肉、羊肉为主要原料，杂以淡水鱼鲜，入味透彻，软烂酥香，汤汁少，有回味，制作方法以红扒、红烧、生炸、回锅居多，代表菜有武当猴头、三镶盘等。

此外，鄂西土家族苗族地区恩施，名菜如"小米年肉"等，别有一番风味。

❹ **楚菜名菜** 有清蒸武昌鱼、排骨藕汤、精武鸭脖、沔阳三蒸、应山滑肉、东坡肉、红菜薹炒腊肉、黄陂三鲜、皮条鳝鱼、黄陂糖蒸肉、油面、虾鲊、糍粑鱼、糯米圆子、炸藕夹等两百余种之多。

（六）浙菜

浙菜即浙江菜，鲜嫩软滑，香醇绵糯，清爽不腻。浙菜有悠久的历史，它的覆盖范围包括杭州、宁波和温州、金华等地。杭州菜重视原料的鲜、活、嫩，以鱼、虾、时令蔬菜为主，讲究刀工，口味清鲜，突出本味。宁波菜咸鲜合一，以烹制海鲜见长，讲究鲜嫩软滑，重原味，强调入味。浙菜色彩鲜明，味美滑嫩，脆软清爽，菜式小巧玲珑、清俊秀丽。它以炖、炸、焖、蒸见长，重原汁原味。浙江点心中的团子、糕、羹、面点品种多，口味佳。

❶ **浙菜特征** 品种丰富，菜式小巧玲珑，菜品鲜美滑嫩、脆软清爽，其特点是清、香、脆、嫩、爽、鲜，在中国众多的地方风味菜中占有重要地位。浙菜就整体而言，有比较明显的特色风格，又具有共同的四个特点：选料讲究，烹饪独到，注重本味，制作精细。许多菜肴以风景名胜命名，造型优美。一些菜肴还有美丽的传说，文化色彩浓郁是浙菜一大特色。

❷ **浙菜历史** 《黄帝内经·素问·异法方宜论》曰：东方之域，天地之所始生也，鱼盐之地，海滨傍水，其民食鱼而嗜咸，皆安其处，美其食。《史记·货殖列传》中就有"楚越之地……饭稻羹鱼"的记

载。由此可见,浙菜烹饪已有几千年的历史。浙菜富有江南特色,历史悠久,源远流长,是中国著名的地方菜种。浙菜起源于新石器时代的河姆渡文化时期,经越国先民的开拓积累,汉唐时期的成熟定型,宋元时期的繁荣和明清时期的发展,浙菜的基本风格已经形成。

❸ 浙菜派系 主要由杭州、宁波、温州、金华四个流派所组成,各自带有浓厚的地方特色。

(1)杭州:全国著名风景区,宋室南渡后,帝王将相、才子佳人游览杭州风景者日益增多,饮食业应运而生。其制作精细,变化多样,喜欢以风景名胜来命名菜肴,烹调方法以爆、炒、烩、炸为主,清鲜爽脆。

(2)宁波:地处沿海,特点是"咸鲜合一",口味"咸、鲜、臭",以蒸、红烧、炖制海鲜见长,讲求鲜嫩软滑,注重大汤大水,保持原汁原味。

(3)温州:古称"瓯",地处浙南沿海,当地的语言、风俗和饮食都自成一体,别具一格,以"东瓯名镇"著称。温州菜也称"瓯菜",以海鲜入馔为主,口味清鲜,淡而不薄,烹调讲究"二轻一重",即轻油、轻芡、重刀工。

(4)金华:素有粮仓的美誉,土地肥沃,山丘连绵,物产丰饶,饮食历史悠久。浙菜是全国八大菜系之一,而金华菜则是浙菜的重要组成部分。烹调方法以烧、蒸、炖、煨、炸为主。金华菜以火腿菜为核心,颇有名气。仅火腿菜品种就达300多个。火腿菜烹饪不宜红烧、干烧、卤烩,在调味料中忌用酱油、醋、茴香、桂皮等,也不宜挂糊、上浆,讲究保持火腿独特色香味。

❹ 浙菜名菜 有西湖醋鱼、赛蟹羹、干炸响铃、荷叶粉蒸肉、西湖莼菜汤、龙井虾仁、杭州煨鸡、火踵蹄髈、冰糖甲鱼、锅烧河鳗、腐皮包黄鱼、苔菜小方烤、火膧金鸡、彩熘全黄鱼、网油包鹅肝、黄鱼鱼肚、苔菜拖黄鱼等数千种。

(七)湘菜

❶ 湘菜特征 湘菜即湖南菜,是我国历史悠久的一种地方风味菜。湘菜特别讲究调味,尤重酸辣、咸香、清香、浓鲜。由于湖南地处亚热带,气候多变,夏季炎热,冬季湿冷。夏季炎热,其味重清淡、香鲜。冬季湿冷,味重热辣、浓鲜。其特色是油重色浓,讲求实惠,注重鲜香、酸辣、软嫩,尤以煨菜和腊菜著称。湘菜的特色一是辣,二是腊。

❷ 湘菜历史 据史书记载,湘菜在两汉以前就有。到西汉时代,长沙已经是封建王朝政治、经济和文化较集中的一个主要城市,物产丰富,经济发达,烹饪技术已发展到一定的水平。1974年,在长沙马王堆出土的西汉古墓中,发现了许多与烹饪技术相关的资料。其中有迄今最早的一批竹简菜单,它记录了103种名贵菜品,以及炖、焖、煨、烧、炒、熘、煎、熏、腊等烹调方法。唐宋时期长沙又是文人荟萃之地。到明清时期,湘菜又有了新的发展。

❸ 湘菜派系 以湘江流域、洞庭湖区和湘西山区三个区域的地方风味菜为主。

(1)湘江流域的菜覆盖范围以长沙、衡阳、湘潭为中心。它的特点是用料广泛、制作精细、品种繁多,口味上注重香鲜、酸辣、软嫩,在制作上以煨、炖、腊、蒸、炒诸法为主。

(2)洞庭湖区的菜以烹制河鲜和家禽家畜见长,多用炖、烧、腊的制作方法,其特点是芡大油厚、咸辣香软。

(3)湘西山区擅长制作山珍野味、烟熏腊肉和各种腌肉,菜的口味侧重于咸、香、酸、辣。

❹ 湘菜名菜 有东安鸡、腊味合蒸、面包全鸭、龟羊汤、吉首酸肉、五元神仙鸡、冰糖湘莲等数百种。

(八)徽菜

❶ 徽菜特征 徽菜是中国八大菜系之一,仅仅指徽州菜,而不能等同于安徽菜。徽菜来自徽州,离不开徽州这个特殊的地理环境提供的客观条件。徽州,今安徽黄山市、绩溪及江西婺源。徽州因处于两种气候交接地带,雨量较多,气候适中,物产特别丰富。黄山植物就有1470多种,其中不少可以食用。野生动物栖山而息,徽州是山区,种类就更多。山珍野味是徽菜主配料的独到之处。

徽菜主要由皖南菜、沿江菜、沿淮菜三大部分组成,其讲究火功,善烹野味,量大油重,朴素实惠,保持原汁原味;不少菜肴是取用木炭小火炖、煨而成的,汤清味醇,原锅上席,香气四溢。皖南菜中"臭鳜鱼"知名度很高。沿江菜以芜湖、安庆地区的菜为代表,以后也传到合肥地区,它以烹制河鲜、家畜见长,讲究刀工,注意色、形,善用糖调味,尤以烟熏菜肴别具一格。沿淮菜以蚌埠、宿县、阜阳等地的菜肴为代表,讲究咸中带辣,汤汁色浓口重,亦惯用香菜配色和调味。

❷ 徽菜历史　据明史记述,当时大商人中以徽商和晋商较为突出,富商之称雄者,江南首推新安。自唐代以后,历代都有无徽不成镇之说,可见古代江南徽州商业之发达,商贾之众多。随着徽州商人出外经商,徽菜也普及各地,江浙一带及武汉、洛阳、广州、山东、北京、陕西等地均有徽菜馆,尤以上海最多,徽菜是最早进入上海的异地风味。

❸ 徽菜派系　徽菜的形成与江南古徽州独特的地理环境、人文环境、饮食习俗密切相关。绿树成荫、沟壑纵横、气候宜人的徽州自然环境,为徽菜提供了取之不尽、用之不竭的原料。得天独厚的条件成为徽菜发展的有力物质保障,同时徽州名目繁多的风俗礼仪、时节活动,也有力地促进了徽菜的形成和发展。在绩溪县城,民间宴席中有六大盘、十碗细点四,岭北有吃四盘、一品锅,岭南有九碗六、十碗八等。

徽州地处山区,历少战乱,自唐宋来中原的大批移民南迁徽州一带,聚族而居,建祠修谱,形成严密的宗族制度。各族、派均有自己信仰崇拜的偶像,为祀神礼佛,民间便产生了各具特色的食用供品,最典型的莫过于祭祀隋末农民起义领袖汪华的"赛琼碗"活动了。这一年一度的祭拜活动在集中展示汪氏族人所精心烹制的数百碗供品的同时,也造就了一代代民间烹饪家。

明代晚期至清代乾隆末年是徽商的鼎盛时期,实力及影响力位居全国 10 大商帮之首,其足迹几遍天下,徽菜也伴随着徽商的发展,逐渐声名远扬。哪里有徽商,哪里就有徽菜馆。徽州人在全国各地开设徽菜馆达上千家,仅上海就有 140 多家,足见其涉及面之广,影响力之大。在悠久的历史长河中,徽菜经过历代徽厨的辛勤劳动,兼收并蓄,不断总结,不断创新。徽菜以就地取材、选料严谨、巧妙用火、功夫独特、擅长烧炖、浓淡适宜、讲究食补、注重文化、底蕴深厚的特点而成为雅俗共赏、独具一格、自成一体的著名菜系。

❹ 徽菜名菜　主要名菜有火腿炖甲鱼、腌鲜鳜鱼、黄山炖鸽、问政山笋、虎皮毛豆腐等上百种。

(九) 闽菜

❶ 闽菜特征　闽菜以海味为主要原料,注重甜酸咸香、色美味鲜。闽菜是以福州、闽南、闽西三个地区的地方风味菜为主形成的菜系。福州菜清鲜、爽淡,偏于甜酸,尤其讲究调汤,另外,其善于用红糖作配料(红糖具有防变质、去腥、增香、生味、调色的作用)。闽南菜以厦门菜为代表,同样具有清鲜爽淡的特色,讲究调味料的使用,善于使用辣椒酱、芥末酱等调味料。闽西位于粤、闽、赣三省交界处,闽西菜以客家菜为主体,多以山区特有的奇味异品作原料,有浓厚的山乡色彩。闽菜以炸、熘、焖、炒、炖、蒸为特色,尤以烹制海鲜见长,刀工精妙,汤菜居多,具有鲜、香、烂、淡并稍带甜酸辣的独特风味。福建小吃点心取材于沿海浅滩的各式海产品,配以特色调味而成,堪称美味。

福建位于我国东南部,东临大海,西北负山,气候温和,山珍野味,水产资源十分丰富。福州菜清鲜,淡爽,偏于甜酸。尤其讲究调汤,汤鲜、味美,汤菜品种多,具有传统特色。从总体上说,闽菜以烹制山珍海味而著称,其风味特点是清鲜、和醇、荤香、不腻,注重色美味鲜。烹调技法擅长于炒、煎、煨、蒸、炸等。口味则偏于甜、酸、淡,特别讲究汤的制作,其汤路之广、种类之多、味道之妙,可谓一大特色,素有一汤十变之称。

❷ 闽菜历史　《福建通志》早有"茶、笋、山木之饶遍天下,鱼盐蜃哈匹富青齐"的记载。在一千多年前,这里利用山珍海产烹制各种珍馐佳肴,逐步形成了闽菜独具一格的特点。

《闽产录异》就记载了"梅鱼以姜、蒜、冬菜、火腿炖之或红糟、酸菜、雪里蕻煮之皆美品","雪鱼佐酒,鲜者、炸者、腌者、冻者俱可"等烹调方法。这些传统烹调方法,一直沿用至今。唐宋以来,随着泉州、福州、厦门先后对外通商,商业发展,商贾云集,京广等地的烹饪技术相继传入,闽菜更加绚丽多彩,成为我国较有影响力的鲁菜、苏菜、川菜、粤菜、闽菜、浙菜、湘菜、徽菜这八大菜系之一。

❸ **闽菜派系** 闽菜起源于福建闽侯县。它是由福州、泉州、厦门等地的地方菜发展而成的,以福州菜为代表。

福州菜清鲜,淡爽,偏于甜酸,尤其讲究调汤,汤鲜、味美,汤菜品种多,具有传统特色。还有善用红糟作配料制作的各式风味特色菜。

闽南菜以讲究调味料、善用甜辣著称。闽西菜则偏咸辣,有咸辣、浓厚的山区风味特色。

❹ **闽菜名菜** 有醉糟鸡、糟汁川海蚌、橘味加力鱼、佛跳墙、炒西施舌、东壁龙珠、爆炒地猴等数百种。

(十)京菜

❶ **京菜特征** 天子脚下,佳肴做工精良,京菜品种复杂多元,兼容并蓄八方风味,名菜众多,难于归类。过去北京餐饮业中,山东风味的菜馆最多,当时有所谓十大堂,即指庆丰堂,聚贤堂等堂字号;八大居,指同和居、砂锅居等居字号;八大楼,指东兴楼、致美楼、泰丰楼等楼字号;八大春,指庆林春等春字号,这些餐馆大多是山东风味的。到了清代,因为北京城内有汉、满、蒙、回等各个民族居住,所以像艾窝窝、萨其马这种深受皇室喜爱的满族小吃流行于今。

京菜口味浓厚清醇,质感多样,菜品繁多,四季分明,有完善、独特的烹调技法,以爆、炒、熘、烤、涮、焖、蒸、氽、煮见长。形成京菜特色的主要原因是北京为全国首府,物华天宝,人杰地灵,全国各风味菜技师多会聚于此,菜肴原料天南地北,山珍海味、时令蔬菜应有尽有。

王族专享的佳肴,自是气派不凡,讲究非常。特点是别具脆嫩香鲜。京菜大量运用各种植物根和蔬菜,如辣椒、蒜头、姜、葱等。由于北京天气寒冷,食物以能产生热量、保暖驱寒的为主。

❷ **京菜历史** 京菜是由北京地方风味菜,以牛羊肉为主要原料的清真菜,以明清皇家传出的宫廷菜,以及做工精细、善烹海味的谭家菜,还有其他省市的菜肴组成的。

山东菜对北京菜系的形成影响深远,是京菜的基础。山东风味的菜馆在北京四处林立。山东的胶东派和济南派在京相互融合交流,形成了以爆、炒、炸、燔、熘、蒸、烧等为主要技法,口味浓厚之中又见清鲜脆嫩的北京风味,广而影响齐鲁、松辽、三晋、秦陇等北方风味的形成,在烹饪园地中一枝独秀。

清真菜在京菜中占有重要的位置,它以牛羊肉为主要原料。如著名的全羊席用羊身上的各个部位,可烹制出百余种菜肴,是京菜的重要代表。另外,烤肉、涮羊肉、煨羊肉历史悠久,风味独特,深受北京群众喜爱。

宫廷菜在京菜中地位显著,它选料珍贵,调味细腻,菜名典雅,富于诗情画意。现今的宫廷菜多是明清宫廷中传出来的菜肴。著名菜品有抓炒鱼片、红娘自配、脯雪黄鱼等。

谭家菜是官府菜中的代表,讲究原汁原味,咸甜适中,不惜用料,火候足到。

❸ **京菜名菜** 有北京烤鸭、涮羊肉、烤肉、富贵鸡、水晶肘子、酥鱼等。

三、中餐烹调的基本工艺流程

菜肴制作工艺是制作菜肴的全部工作、方法和技术的统称,亦称烹调技术,行业习惯称之为红案。其工艺流程包括原料的选择、初步加工、切配和临灶烹调这四道工序,每道工序又包括若干技法内容。

❶ **原料的选择** 俗话说,巧妇难为无米之炊。选料是菜肴制作的第一步,根据不同菜肴正确选料是对烹调工作人员的基本要求,该工序包含对原料进行品质鉴定和质量选择的过程。

❷ **初步加工** 对原料改剪、洗净污秽、去净杂质,获得适合烹调应用的净料的过程,包括植物原料的改剪,动物性原料的宰杀,分档取料,出肉、出骨以及干货原料的涨发等,为下一步原料细加工做好准备。

❸ **切配** 本环节包括刀工处理、配菜、挂糊上浆,初步熟处理(焯水、汽蒸、过油、走红)等技术环节,为临灶烹调做准备。

❹ **临灶烹调** 对原料加热、调味、制成菜肴的工艺,是热菜制作的最后一道工序,多在炉前操作,其工艺内容包括用火、烹制、调味、制汤、勾芡和装盘等。菜肴制作工艺根据成菜温度和制作程序、方法的不同,又分为冷菜制作工艺和热菜制作工艺两类。为研究方便,可用下图对菜肴的制作工艺流程做粗略归纳。

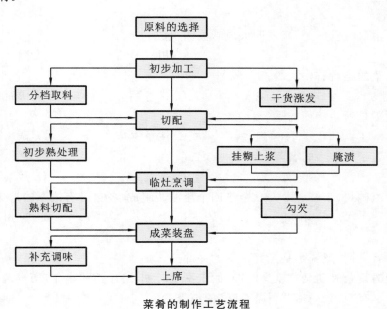

菜肴的制作工艺流程

| 课堂活动——课程思政模块 |

课堂活动 ❶

党的十八大以来,以习近平同志为核心的党中央高度重视文化交流工作,中华文化的国际影响力显著提升,中华美食和烹饪文化的独特魅力进一步得到发挥。结合"一带一路"相关资料,对比古代丝绸之路与中国烹饪发展历程,谈一谈"一带一路"对现代旅游业的影响。

小组讨论:分组讨论我们应如何担当起传承烹饪文化的责任。

课堂活动 ❷

1949 年以前,我国的旅游接待以入境旅游接待为主,1949 年以后,特别是改革开放 40 多年以来,我国的旅游业发生了翻天覆地的变化,我国目前已成为世界第一大客源国。

小组讨论:这背后的原因是什么?

➡ 同步测试

一、填空题

(1)烹饪是指对食物原料进行合理_____、_____、_____,使之成为色、香、味、形、质、养兼美,安全无害,利于吸收、益人健康、强人体质的食品的过程,包括调味熟食,也包括调制生食。

(2)烹调是制作菜肴的一项专门技术,行业习惯称之为_____,泛指菜肴的制作。

(3)在烹调中,"烹"源于火的利用,"调"源于_____的利用。

(4)中餐菜肴的四大菜系分别指_____、_____、_____、_____。

(5)中国八大菜系指_____、_____、_____、_____、_____、

_____、_____。

二、单项选择题

(1)楚菜派系由汉、荆、( )、襄四大风味流派组成。

A.鲁 B.黄 C.川 D.徽

(2)下列为粤菜的菜肴有( )。

A.清蒸武昌鱼 B.蜜汁叉烧 C.排骨藕汤 D.佛跳墙

(3)下列选项不是浙菜特征的是( )。

A.选料讲究 B.烹饪独到 C.注重本味 D.调味厚重

(4)蒜泥白肉属于( )的名菜。

A.川菜 B.鲁菜 C.徽菜 D.楚菜

(5)浙菜主要由杭州、宁波、( )、金华四个流派所组成,各自带有浓厚的地方特色。

A.成都 B.温州 C.重庆 D.濠州

三、判断题

(1)烹饪包含着烹调,烹调不是烹饪活动的一部分。( )

(2)烹调发展的繁荣时期又称铁烹时期,始于秦汉时期,终于清代末年,历经两千余年。( )

(3)徽菜素来享有"一菜一格""百菜百味"的声誉。( )

(4)广州菜的覆盖范围包括珠江三角洲和韶关、湛江等地,用料丰富,选料精细,技艺精良,清而不淡,鲜而不俗,嫩而不生,油而不腻。( )

(5)鲁菜烹调技艺以炖、焖、煨著称,重视调汤,保持原汁原味。( )

四、简答题

(1)烹调的作用有哪些?

(2)中餐菜肴的特点有哪些?

(3)简述中餐烹调的基本工艺流程。

项目二

走进厨房

项目描述

厨房作为烹饪工作人员作业的地方,厨房的布局、厨房的设备设施、厨房的岗位设置,以及作为厨师应具有的职业素养,都是我们需要学习和掌握的内容。

项目目标

1. 了解厨房常用设备;掌握厨房设备布局的基本规律和方法;掌握厨房设备选配的原则;掌握厨房人员配置因素及人员配置方法;掌握厨师应具备的职业素养。

2. 具有初步使用和保养常见设备的能力;初步具备一定的厨房人员管理能力;具有作为一名厨师应有的职业道德。

3. 培养良好的职业道德和良好的操作习惯。

项目内容

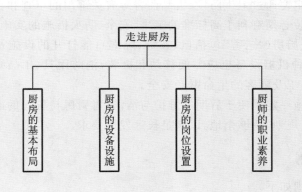

任务一 厨房的基本布局

→ 任务描述

厨房的设计和布局是餐饮企业确定档次、规模、经营的前提,需要着重做好以下两方面工作:第一,具体结合厨房各区域生产作业特点与功能,充分考虑需要配备的设备数量与规格,对厨房的面积进行合理分配,对各生产区域进行定位;第二,依据科学合理、经济高效的原则,对厨房各具体岗位、作业点,根据生产风味和作业要求进行设备配备,对厨房设备进行合理布局。

任务目标

1.了解厨房布局的要求。
2.掌握厨房布局的方法和原则。

主题知识

一、厨房布局基础知识

（一）厨房布局的概念

厨房布局是指根据餐饮企业经营的需要,对厨房进行合理的设计和规划,对所需区域内的各岗位所需设备进行合理统筹计划的过程。

（二）厨房布局的要求

厨房布局是确定厨房内各部门的位置、生产设备和生产设施分布的过程。厨房设计布局的基本要求如下。

（1）处理好后厨与前厅的关系。厨房是为餐厅服务的。第一,尽可能缩短食品制作地点到餐厅内餐桌的距离。第二,厨房与餐厅的布局应在同一平面。

（2）保证生产过程无回流现象,过程合理、畅通。厨房生产从领料开始,经过初加工、精加工、配菜、烹调、出菜等多个环节才能完成,所以,厨房菜品的加工一定要按照菜品的生产流程来布局,减少菜肴的堆积,减少菜肴的流动、单个菜品烹调时间、使用设备的次数等,提高工作效率。

（3）满足厨房安全卫生的要求,同时给员工提供一个舒适、安全的工作环境。餐饮企业卫生要求最高的场所非厨房莫属,厨房卫生水平的高低直接关系到食品安全,所以厨房布局要遵循厨房的卫生标准。厨房布局一定要通过卫生防疫、食品监督等有关部门的审查和验收。

厨房布局和设备安装必须有利于高标准的卫生、安全、防火措施的实施;室内建筑空间一定要严格密封,防止"三害"侵入厨房("三害"包括鼠、苍蝇、蟑螂);能打开的设施及部位必须全部能正常运行,方便清洁;厨房的各种机器设备也应方便移动和拆装;消防用具、用品必须齐备,消防楼梯、应急灯应能正常使用,确保员工及顾客的生命财产安全。

厨房布局的设备设施一定要便于后期的维护与清洁;对厨房与餐厅的面积比例、内部的格局,都要全面考虑,并根据发展规划,留够余地,以满足长远发展要求。

二、厨房布局的原则

厨房布局的基本原则如下。
（1）充分利用厨房现有的空间和设备。
（2）减少厨师完成单个菜品的时间。
（3）减少厨师操作设备和使用工具的次数。
（4）减少厨师在制作菜肴过程中的走动。
（5）便于厨房的生产和管理。
（6）便于菜肴的质量控制。
（7）便于厨房的成本控制。

三、厨房布局的常用方法

根据厨房的结构、面积、厨房的性质、工作量大小合理选择设备种类和数量,最后确定摆放的位置,最大限度发挥设备的工作效率。目前厨房设备布局的常用方法有以下几种。

（一）直线形排列

直线形排列适用于厨房面积大、标准化（分工精细化）程度高的大型餐饮企业。所有的加热设备设施（如烤炉、蒸箱等）均按直线形排列布局。直线形排列布局一般是依墙排列，集中加热设备，便于集中吸排油烟。厨师的工位相对固定，从事菜品烹调所需的设备均分布在附近，以减少厨师的走动距离，这种排列方法操作方便、效率较高。

（二）背对背形排列

背对背形排列时，主要烹调设备是炉灶设备和蒸煮设备，分成两个部分，形成背靠背组合在厨房内，中间用矮墙隔开，置于同一个排烟系统下，厨师相对站立进行加工操作。这种排列形式要求厨房比较方正，优势比较明显但也有些许不足，配菜和打荷的操作相对距离有些远，沟通不是很方便。

（三）L形排列

L形排列一般适用于厨房面积不是很大的餐饮企业。设备沿墙摆放成一个直角，把加热设备组合在一起，另一边把蒸煮设备组合在一起，排烟较为集中，节省场地的同时还能减少人员的来回走动。一般适用于饼房。

（四）面对面平行式排列

面对面平行式排列时，主要加热设备、蒸煮设备面对面横置在整个厨房中间，用具及工作台之间留过道，适用于员工餐厅、单位餐厅。

（五）U形排列

U形排列时，厨房设备集中在一起，在厨房设立不同工作区域，每一个工作区域就是一个独立的部门，每个部门把所用设备依墙摆放，留单独出口，供人员、物料进出，这种排列可充分利用空间，整体更加经济，但由于设备相对集中，设备使用率可能会降低。

（六）酒吧式排列

酒吧式排列适用于酒吧。酒吧除提供酒水外，还可向顾客提供一些简餐或者快餐，如汉堡、三明治、意面、薯条等。由于面积不大，所选用的设备一般小而实用，位于吧台后面，这种排列便于营销，便于服务顾客。

四、中餐厨房的设计布局

中餐厨房的生产主要有加工、切配、烹调三个环节，我们在设计的时候可根据三个不同环节布局设备，从而使整个厨房合理运转起来。

⊡ **任务练习**

（1）什么是厨房布局？厨房布局有什么要求？
（2）厨房布局常用的方法有哪些？

任务二　厨房的设备设施

⊡ **任务目标**

厨房设备是厨房生产运作中必不可少的物质前提，本任务内针对厨房设备的主要使用部门及岗位进行划分，简要、系统地讨论厨房加工、冷藏、冷冻、加热等主要设备，并进行简单介绍。

任务目标

1. 掌握厨房设备选购原则。
2. 了解设备的主要功能。

主题知识

一、厨房常用设备的概念和选购原则

（一）厨房设备的概念

厨房设备是指厨房加工、切配、烹调以及与之相关、保证烹饪生产顺利进行的各类器械。如厨房中的炉灶设备、烘烤设备、制冷设备、分子料理设备等。

（二）设备选购的原则

厨房是制备食物的场所，加工、切配、烹调、储藏所需的各种设备，以安全、方便、卫生为宜，同时能够快速、高效地制作菜品。因此，在厨房设备的选择上要掌握以下原则。

❶ **安全性原则** 安全是厨房生产的前提。厨房设备安全主要有以下三个方面的含义。

1）厨房设备的耐损性 厨房是一个复杂又多变的环境。厨房设备始终处在一种复杂恶劣的环境当中，水、蒸汽、高温、空气湿度大等诸多不利因素可造成厨房设备的过早老化甚至损坏。为了避免厨房设备的过早老化和损坏，在挑选厨房设备时要选择具有防水、防火、耐高温、防湿气干扰、防侵蚀等性能的可靠设备。

2）厨房设备的安全性 厨房设备的选择要在设备牢靠、质量稳定的前提下，充分考虑到厨师操作的安全问题。厨房设备不同于客房、餐厅设备，使用人员多为厨师，而厨师工作的特点为劳动强度大、动作幅度大。因此，厨房设备在功能先进、操作简便的基础上，应确保设备坚固、不易损坏，并着重保证操作者的人身安全，避免由设备问题而引起工伤事件的发生。

3）厨房设备的卫生性 厨房设备大部分直接接触食品，其卫生安全情况直接影响消费者的健康。因此，在设备的选择、设备的操作等各个环节上，都要充分考虑到卫生安全问题，避免在操作过程中因设备原因对食品造成直接或间接的污染。从实际出发，选择厨房设备在卫生安全方面要考虑以下几个方面。

（1）食品接触的设备表面应平滑，不能有破损与裂痕。

（2）设备与食品接触表面的接缝处与角落应易于清洁。

（3）与食品接触的设备应采用无吸附性、无毒、无臭材料制造，不应影响食品安全。

（4）设备中所有与食品接触的表面都应易于清洁和保养。

（5）有毒金属如镉、铅或此类材料的合金均会影响食品的安全和质量，厨房设备要绝对禁用，劣质塑料材料同样不可采用。

（6）设备中与高温接触的部分应禁止使用塑料等易受高温影响而变形的材料制作。

❷ **实用、便利性原则** 实用、便利性是指选配厨房设备不应只注重外表新颖或功能全面，还要考虑餐饮企业厨房的实际需要。设备应简单并能有效发挥其功能。设备的功能以实用、适用为原则，同时兼顾设备使用和维修保养的便利性。

厨房所购设备首先应满足厨房生产的需要，然后要考虑是否适应本餐饮企业的各种条件，具体如下。

（1）设备的体积，包括打开设备门后所占的净空间，厨房是否有这样的位置，是否占用相应的人员通道。

（2）现有的地板、楼板是否能承受设备的重量。

（3）能否保证该设备需要的热能（包括煤气、蒸汽、电力等）的供应。厨房设备并不是固定不动的，有些设备要选择能分解、拆卸的规格型号，这样也易于清洗与维护。

现代厨房设备中有些虽然性能优良，但结构复杂、技术要求高，因此要考虑设备的维护、保养和修理的方便性。设备的维修一方面与设备的设计有关；另一方面要看出售该设备的公司售后服务是否及时、可靠，易损件能否保证供应；还要考虑本地区、本企业的维护技术力量是否足够。如果现有的工程技术人员缺乏保养维修该设备的技术，那么即使设备本身价格不高，一旦购买，可能需要支付更多的维修资金，这也是需要提前考虑的。

❸ **经济、可靠性原则**　购置厨房设备必须考虑经济适用性。特别要对同类型厨房设备进行收益分析和设备费用效益分析，力求以适当的投入购置到效用最好、最适合本餐饮企业生产使用的设备。

因厨房的工作环境湿度大、温度高，需经常性地进行卫生清洁，还可能要求设备移动，同时清洁剂的使用可能会造成对设备的腐蚀，因此要考虑设备制作材料的可靠性，即强调设备的耐用性，应选择持久耐用、抗磨损、抗压力、抗腐蚀和耐摩擦的设备。现代厨房设备大多采用不锈钢材料。不锈钢设备耐冲撞、耐腐蚀，不会被细菌、水分、气味、色素等渗透，符合食品卫生条件，购置时要善于识别。

厨房设备的机械部分也应考虑其耐用可靠性，否则将会增加维护费用。

❹ **发展、革新原则**　厨房设备的选配应该融入时代概念，选择功能适当或超前的设备，切不可配置已经落伍、即将淘汰的设备。对能进行功能改造、升级换代，在环保和可持续发展方面占优势的设备要多加关注。

（三）厨房设备选配的方法

厨房设备的选购关系到餐饮企业对厨房的投资费用、食品生产效率和卫生安全等。因此，在选购厨房设备时，应从设备的性能、价格、使用、维护等方面进行认真的选择和评价，让有限的设备投资发挥出最大的生产和经济效益。在选购厨房设备时，厨房管理者必须参与该项工作，这样可以减少购置的盲目性。

❶ **市场购买**　市场购买即购置市场上的标准设备。在市场上选购时，尽可能做到货比三家，比质量、比价格、比售后服务。

❷ **预先订制**　预先订制设备，就是选择一家质量过硬的厨房设备生产商，向其订购设备。有些饭店为了使购回的设备能符合本厨房的使用和安装要求，特聘请专家根据厨房的布局要求，设计出厨房所需设备的图纸和说明，交给生产厂家定做。这种订制的设备价格虽贵一些，但更能满足厨房生产的需要。

二、厨房常见设备

（一）炉灶设备

❶ **燃气炉具**　燃气炉具是一种以天然气为燃烧对象的炉具。它具有使用方便、安全、卫生、易清洁等特点。燃气炉具形式多样，一般来说电热炉具所具备的加热功能，燃气炉具也都具备，可以进行各种烹调技法（如常见的炒、爆、煮、炸等技法）操作。

（1）燃气炉灶。燃气炉灶是目前餐饮企业使用最广泛的一种加热设备，它具有火力大、温度高的特点，特别适合炒、爆的烹调技法操作。常见的为两组燃气喷头的双头炒炉，此外还有三头、四头的炒炉等。

（2）燃气蒸柜。燃气蒸柜是一只密闭的柜子，内有蒸架，各层可分别放置蒸盘，燃气蒸柜多用于蒸米饭、蒸菜等。燃气加热后，蒸柜自身产生水蒸气，由蒸柜阀门控制蒸汽量。

❷ **电磁灶**　电磁灶又名电磁炉，是现代厨房革命的产物，它无须明火或传导式加热而让热直接在锅底产生，因此热效率得到了极大的提高，是一种高效节能厨具，完全区别于传统的有火或无火传

导加热厨具。电磁灶是利用电磁感应加热原理制成的电气烹饪器具,由高频感应加热线圈(即励磁线圈)、高频电力转换装置、控制器及铁磁材料锅底炊具等部分组成,使用时,加热线圈中通入交变电流,线圈周围便产生一交变磁场,交变磁场的磁力线大部分通过金属锅体,在锅底产生大量涡流,从而产生烹饪所需的热,在加热过程中没有明火,因此安全、卫生。

| 燃气炉灶 | 燃气蒸柜 | 电磁灶 |

（二）烘烤设备

烘烤设备绝大多数采用电能,操作简单,使用方便,可进行烤、焖等技法操作。

电烤箱是直接受热的烘烤设备之一。电烤箱内电阻线圈置于不锈钢管中,不锈钢管发热器一般置于烤箱内的上、下方,中间放置食物。烤箱外设有温度、时间控制按钮,以及切换上、下方发热器的开关和通电开关。

电烤箱有下面几种类型。

（1）多层烤箱。这种烤箱一般由两至三层烤箱叠在一起,占地面积小,容量大。

（2）万能蒸烤箱。万能蒸烤箱是一种集蒸箱、烤箱、智能烹饪于一体,具备烤、蒸、蒸烤模式的厨房设备,它由发热管产生大量的热量,通过特制涡流风扇,将发热管产生的热量吹进烤箱内部,使得烤箱内部温度迅速上升,烘烤食品,同时通过向加热管适当喷水,增加烤箱内部的湿度,让食材达到外焦里嫩多汁的口感效果。

多层烤箱   万能蒸烤箱

（三）冷藏、冷冻设备

❶ **厨房用小型冷库** 小型冷库是指小型的冷藏、加工、储存产品的场所。小型冷库有室内型和室外型两种,且具有简单、紧凑、易安装、操作方便、附属设备少等优点。冷库外的环境温度及湿度:温度为 35 ℃;相对湿度为 80%。冷库内设定温度:保鲜冷库为 $-5 \sim 5$ ℃;冷藏冷库为 $-20 \sim -5$ ℃;低温冷库为 -25 ℃。厨房用小型冷库一般在室内。

❷ **一体式冻、藏操作台** 一体式冻、藏操作台也叫厨房操作台,被酒店、餐厅等用于日常厨房工作。为保证厨房操作台的持久、耐用,一般选用不锈钢材质,既不生锈,外观也高档。在经济发达的今天,厨房操作台在具备展示效果的同时,人们为了让它物尽其用,在它底部原有的储存柜基础上设

计了制冷功能,使厨房操作台具有冷藏、冷冻食品的功能,在各类厨房中备受青睐。

小型冷库

一体式冻、藏操作台

三、厨房常用工具

(一)常用刀具

烹饪行业所使用的刀具种类繁多,外形各异,其用途基本相似。刀具一般分为以下几种。

❶ **片刀(批刀)** 刀身轻而薄,以不锈钢材质居多,切配中使用较多,多用于切、片原料。

❷ **前片后砍刀(文武刀)** 形状与片刀相似,刀身略厚,材质多为不锈钢。可用于切丁、丝、片,也可用于片及剁略带小骨或质地较硬的原料。

❸ **砍刀** 刀身较厚,刀背较重呈弓形。一般多用于剁带骨及质地坚硬的原料。

片刀

文武刀

砍刀

(二)常用计量工具

❶ **电子秤** 属于衡器的一种,是利用胡克定律或力的杠杆平衡原理测定物体质量的工具。电子秤主要由承重系统(如秤盘、秤体)、传力转换系统(如杠杆传力系统、传感器)和示值系统(如刻度盘、电子显示仪表)三个部分组成。

❷ **量杯** 量杯是一个细长的玻璃筒或者塑料筒,由于筒身细长,比同体积的量器液面小,其容量精确度比量杯更准确。

电子秤

量杯

（三）模具

❶ **圆圈模具**　各种大小不一的不锈钢圆圈,适用于原料的定型。

❷ **裱花嘴**　用于挤花装饰的工具,也可用于部分瓢子菜的制作。

圆圈模具

裱花嘴

四、其他设备

❶ **微波炉**　微波炉是一种用微波加热食品的现代化烹调灶具。微波是一种电磁波。微波炉由电源、磁控管、控制电路和烹调腔等部分组成。电源向磁控管提供大约 4000 V 高压,磁控管在电源激励下,连续产生微波,再经过波导系统,耦合到烹调腔内。在烹调腔的进口处附近,有一个可旋转的搅拌器,因为搅拌器是风扇状的,旋转起来以后对微波具有各个方向的反射作用,所以能够将微波能量均匀地分布在烹调腔内,从而加热食物。微波炉的功率范围一般为 500～1000 W。

❷ **低温慢煮机**　要了解低温慢煮机先要了解低温慢煮技术。低温慢煮技术也称真空烹调法,这种方法以科学化方式找出每种食材的细胞受热爆破的温度范围,从而计算出爆破温度以内,把食物煮熟的最佳时间。低温慢煮机温度控制准确,加热均匀,循环较好。

微波炉

低温慢煮机

任务练习

1.如何使用和管理设备和工具?

2.你是否认为厨房设备需专人看管?

任务三　厨房的岗位设置

任务描述

厨房的岗位设置是厨房人员定岗的依据,合理地设置岗位,按工作量分配工作人员,不仅可以减少不必要的支出,还能提高工作效率。

任务目标

1. 了解厨房组织结构岗位。
2. 掌握厨房组织结构设置的原则。

主题知识

一、厨房组织结构的含义

厨房组织结构是餐饮企业采用的一种管理方式,是围绕菜肴生产这个目标建立起来的组织结构,并在组织中为全体厨师和辅助人员指定职位、岗位职责、信息传递、协调工作,在既定的生产目标中产生最大的工作效率。

二、厨房组织结构的特点

厨房组织结构作为一种管理架构,是一个系统,它是由厨房管理者建立起来的,结构的层次清晰,责任与工作内容详尽,各岗位员工为实现共同的生产目标而分工协作;厨房组织结构不仅是管理架构,还是一个生产系统,它可以有效地提高企业生产效率;厨房组织结构中的人员、任务、设备、时间、空间等都要精心设计,使之配合得当,让厨师在设备、时间、空间上达到最佳的协调状态。

三、厨房组织结构设置的原则

只有管理风格、隶属关系、经营方式和品种几乎一样的餐饮企业的厨房,其组织结构才是相似的,如"必胜客"等连锁店。绝大部分餐饮企业的厨房组织结构是大相径庭的,这是因为各个餐饮企业的经营风格、经营方针和管理体系不尽相同。正因为此,不同餐饮企业在确立厨房组织结构时不应生搬硬套,而要在力求遵循组织结构设置原则的基础上,充分考虑自己的特色。具体应遵循以下原则。

❶ **以满负荷生产为中心的原则**　在充分分析厨房作业流程、统观管理工作任务的前提下,应以满负荷生产、厨房各部门承担足够工作量为原则,按需设置组织层级和岗位。组织结构确立后,本着节约的原则,核计各工种、岗位劳动量,定编定员,杜绝人浮于事,保证组织的精简、高效。

❷ **权力和责任相当的原则**　厨房组织结构的每一层级都应有相应的责任和权力。必须树立管理者的权威,赋予每个职位以相应的职务权力。有一定的权力是履行一定职责的保证,有权力就应承担相应的责任。责任必须落实到各个层次、各个岗位,必须明确、具体。要坚决杜绝"集体承担、共同负责",而实际上无人负责的现象。一些技术含量高、贡献大的重要岗位,比如厨师长、头锅等在承担菜肴开发创新、成本控制等重要任务的同时,应该有与之相对应的权力及利益所得。

❸ **管理跨度适当的原则**　管理跨度是指一个管理者能够直接有效地指挥控制下属的人数。通常情况下,一个管理者的管理跨度以 3～6 人为宜。影响厨房生产管理跨度大小的因素主要有以下几点。

1)层次因素　厨房内部的管理层次要与整个餐饮企业相吻合,层次不宜多。厨房组织结构的上层管理人员,创造性思维较多,以启发、激励管理为主,管理跨度可略小。而在基层的管理人员身先士卒,以指导、带领员工操作为主,管理跨度可适当增大,一般可达 10 人左右。中、小规模厨房,切忌模仿大型厨房设置行政总厨,因为机构层次越多,工作效率越低,差错率越高,内耗越大,人力成本也就居高不下。中、小规模厨房机构,正规化程度不宜过高,否则管理成本也会无端增大。

2)作业形式因素　厨房人员集中作业比分散作业的管理跨度要更大。

3）能力因素　管理者自身工作能力强，下属自律性强、技术熟练稳定、综合素质高，则跨度可大一些。

4）分工协作的原则　烹饪生产是诸多工种、若干岗位、多项技艺协调配合进行的，任何一个环节不协调都会给整个厨房生产带来不利影响。因此，厨房各部门既要强调自律性和责任心，不断钻研业务技能，又要培训一专多能的人才，强调谅解、合作与补台。在生产繁忙时期，更需要员工发扬团结一致、协作配合的精神。

四、厨房部门的设置

对烹饪专业岗位的分析是烹饪专业进行职业分析的细化，通过分析掌握烹饪岗位所需要的知识与技能，了解行业对各岗位的人才需求，这是确定专业或专业方向、确定培养目标、进行课程设置、选择教学内容的基础。根据当前烹饪餐饮厨房生产的现状，从目前的岗位分工来看，港式粤菜厨房的模式较为先进，全国很多餐饮企业的厨房直接或间接地采用这种模式，并取得了很好的经济效益，我们也倾向于采用这种岗位分工的模式。下面主要介绍港式粤菜厨房职业岗位的分工模式。

❶ **行政总厨岗位的职责与要求**　行政总厨是一个厨房中权力最高的管理者。根据厨房规模的大小、厨房数量的多少，有时需要设立一个或几个厨师长，往往负责管理几个厨师长的行政领导者称行政总厨，他主要负责所有分管厨房的行政工作，而生产工作主要由各分管厨房的厨师长负责。

（1）行政总厨的岗位职责：

①根据酒店各餐厅的特点和要求，制订各餐厅的菜单和厨房菜谱。

②制订各厨房的操作规程及岗位责任，确保厨房工作正常进行。

③根据各厨房原料使用情况和库房存货数量，制订原料订购计划，控制原料进货质量。

④负责签批原料出库单及填写厨房原料使用报表。确保合理使用原料，控制菜肴的装盘、规格和数量，把好质量关，减少损耗，降低成本。

⑤巡视检查各厨房工作情况，合理安排厨师技术力量，统筹各个工作环节。

⑥根据不同季节和重大节日，组织特色食品节，推出季节菜肴，增加品种，促进销售。

⑦检查各厨房设备运转情况和厨具等的使用情况，制订订购计划。

⑧听取客人意见，了解菜肴销售情况，不断改进食品质量。

⑨每日检查厨房卫生，把好食品卫生关，贯彻执行食品卫生法规和厨房卫生制度。

⑩定期实施和开展厨师技术培训，对厨师技术水平进行考核、评估。

（2）行政总厨的任职要求：

①基本条件：责任心强，有崇高的敬业精神和高尚的职业道德，管理能力强。

②其他要求：大专以上学历，10年以上工作经验，有高超的技能，且具有相应的职业资格证书，身体健康，无特殊嗜好。

❷ **中餐厨师长岗位的职责与要求**　直接上级：行政总厨。直接下属：中餐厨师领班。

①在行政总厨的领导下，主持中餐厨房的日常工作。

②协助行政总厨制订菜单，根据季节的变化，不断创新菜肴和推出每期的特色菜。

③调动厨师的积极性，监督菜肴质量，满足顾客对食品的要求。

④监督宴会团体餐的准备工作和出菜过程。

⑤制订采购计划，及时提供采购单，签署厨房每日提货单。

⑥督导厨师的菜肴投料和技术操作。

⑦监督厨师正确使用和维护厨房设备。

⑧评估厨师的工作表现，检查下属厨师的仪容仪表、卫生状况。督导厨师按规定着装，合理调配技术力量，加强团结协作。

⑨完成食品成本控制,严禁偷窃和偷吃现象。

⑩合理排班,监督出菜顺序和速度,创造良好工作环境。

(2)中餐厨师长的任职要求:

①基本条件:责任心强,愿意从事烹饪行业,有一定的管理能力。

②其他要求:烹饪专业毕业,5年以上工作经验,有较高的技能,具备相应的职业资格证书,身体健康,无特殊嗜好。

❸ 炒锅岗位的职责与要求　炒锅岗位是负责厨房所有菜肴烹调的部门,其作用不言而喻,一般炒锅岗位要设立专职的主管(多是头锅),负责炒锅的一切事物,其直接上司是厨师长。

(1)炒锅岗位的分工:炒锅岗位一般按技术水平的高低来进行分工。

①头锅:通常是炒锅岗位领班。处理原料较名贵、技术要求较高的菜,或客人特别要求的菜肴。有的饭店考虑到经济实力和技术实力的问题,通常让厨师长兼做头锅。

②二锅:烹制中、高档的菜肴,配合头锅完成灶前的烹饪工作,头锅不在时,顶替头锅的工作,其实二锅是厨房承上启下的关键人物,需要有较高的技术水平。

③其余锅:处理平常小炒、调酱汁的工作及对菜肴进行半成品加工。

(2)头锅的岗位职责:

①负责厨房炉灶的全面工作,合理安排分工。

②主理烹制高档或大型筵席、高档菜肴。

③指挥、辅导帮锅厨师的烹调工作。

④与头砧师傅配合拟定筵席、零点菜单等,并策划增添、创制菜肴新品种。

⑤监督、检查炉灶的卫生工作和菜肴的加工质量。

⑥负责炉灶人员的人事安排和考勤工作。

⑦督促炉灶人员节约用电、水、油、煤气等。

(3)头锅及炉灶人员的工作程序:

①准备用具,开启炉灶、排油烟机,使之处于工作状态。

②对不同性质的原料,根据烹调要求,分别进行焯水、过油等初步熟处理。烹制各种调味汁、酱,制备必要的用糊,做好开餐前的各项准备工作。

③开餐时,接受打荷的安排,根据菜肴的规格标准及时进行烹调。按出菜顺序对热菜食品进行烹制。宴会菜单按先后顺序烹调;零点菜单则按点菜顺序烹调。

④结束时,收拾各种炉灶用具,送洗碗间清洗,将各种调味汁、酱加盖摆放好。关掉水、电、气的开关。妥善保管剩余食品及调味料,擦洗炉头,清洁整理工作区域。

❹ 砧板岗位的职责与要求　砧板岗位是负责厨房所有菜肴切配工作的部门。一般砧板岗位要设立专职的主管(多是头砧),负责砧板岗位的一切事务,包括验货工作,其直接上司是厨师长,如果头锅是厨师长,其上司也可以是头锅。

(1)砧板岗位的分工:砧板岗位的分工一般如下。

①头砧:通常是砧板领班,负责看市场、跟货源,控制原料的成本,指挥员工进行备料,腌制各种高档原料。

②二砧:备料头、花式料头,做好头砧的助手工作,负责各种海、河鲜的斩、切,改制(鸡、鸭),腌制各种中、低档原料,做好原料的冷藏和保管工作。

③其他砧板:专门负责普通原料的切配工作,能够使用和保养各种加工设备和保藏设备。

(2)头砧的岗位职责:

①负责砧板岗位的全部工作,熟悉厨房全部业务技术知识。

②监督及负责较为高档的原料的加工、腌制工作。

③负责订购、检查、验收原料货源。

④对货仓、冷库、冰柜中的原料进行妥善管理和使用。

⑤与厨师长负责拟订筵席、零点菜单。

⑥与财务部做好配合,做好清点库存、检查进货账目和计算菜肴成本等工作。

⑦监督砧板岗位的工作情况和控制菜肴用量、质量的标准。

(3)头砧等各砧板岗位的工作程序:

①做好本砧位的卫生工作,将清洗干净的用具摆放到固定位置上。

②查看冷库货源品种是否齐全,质量是否合乎要求。

③通知每个岗位领取各自所需的原料。

④检查各冰柜的原料品种是否齐全、有无变质。

⑤安排各个砧板岗位的工作,并填写每日的沽清单(介绍每天供应菜肴的单据),推荐给楼面经理或部长,使楼面更好地了解厨房里的品种。

⑥对原料进行加工。根据营业和需求情况,安排涨发好的干货原料,并妥善保管。

⑦将加工好的原料送交炉灶人员进行熟处理。

⑧备齐开餐用各类配菜筐、盘,清洁场地、用具,按配份规格表配制各类菜肴主料、配料及料头,置于配菜台出菜处。

⑨结束时督促员工做好收尾工作,将剩余原料分类保藏,整理冰柜、冷库,督促员工清洁本岗位台面及用具等,督促员工关闭水阀及照明开关,并锁好柜门。

❺ 打荷岗位的职责与要求 打荷人员是中餐厨房炉灶人员的主要帮手,与炉灶、砧板、传菜部、上杂人员有着密切关系,他们犹如交通警察一样指挥着厨房的生产运作。打荷人员除了辅助炉灶人员进行生产外,还要做原料申领、炉灶开档(拿取、摆放好炉灶人员的用具)和花草制作等具体工作。一个好的打荷人员所懂的知识,并不亚于一个炉灶人员或砧板人员,所以一般炉灶人员多从打荷人员中挑选。

打荷岗位是一种专职负责联系砧板、炉灶、传菜部等岗位的职位。以前多由走菜员来完成这项工作,但由于走菜员是服务人员,不属于厨房管辖,且走菜员所掌握的菜肴业务知识不可能好过厨师,所以工作效率和工作质量远不如现在的打荷人员专业。打荷人员的上司是头锅。

(1)打荷岗位领班及员工的职责:

①负责整个打荷岗位的运作及组织协调工作。

②监督本岗位员工协助炉灶人员。对菜肴成品进行点缀。

③检查砧板人员所配的主配料及料头是否齐备。

④对原料进行上糊浆、拍粉处理。

⑤做好案台卫生工作,收拾装配菜遗留下的盘、碗、碟等。

⑥将一些菜料交给上杂人员蒸炖,并提醒其开餐时间。

⑦运用灵活的头脑,依照零点菜单或前厅催菜的情况,及时把菜分给炉灶人员,安排烹菜的时机,控制上菜的顺序和时间。

(2)打荷岗位领班及员工的工作程序:

①检查本岗位人员出勤情况、卫生情况。

②进行开市准备工作。先为炉灶开档,再拿好各种清洗好的炉灶用具,摆放在合适的位置上;根据经营的情况,备齐各种餐具;依照剩余物料的多少,填写申领单,领取炉灶人员使用的各种调味料或其他物料,当调味汁不够用时,帮助炉灶人员调配调味汁,或提醒炉灶人员制作调味汁。

③将各种洁净用具摆放好,将添加好调味料的调味盒取出放到打荷台上备用。

④取出备好的调味汁放在固定位置上,将各式的汤料摆放在固定位置上,领取制作各类盘饰的花卉或点缀草,摆放好盛装码斗的周转箱。

⑤菜肴烹调时,按顺序和节奏,传送和分派各类原料给炉灶人员烹调。

⑥为烹调好的菜肴提供餐具,整理菜肴,进行装饰。

⑦将已装饰好的菜肴传递至出菜位置。

⑧清洁工作台,用剩的装饰花卉和调味汁及时冷藏,餐具归还原位。

⑨结束时负责将贵重的货料拿到储物柜锁好,和员工一起将各种用具送洗碗间清洗,剩料放进冰箱,调味盒加满放好,检查卫生,安排值班人员,最后关锁工作门柜。

⑥ 水台岗位的职责与要求　水台岗位是一个专职加工的岗位,主要负责各种家畜、飞禽、海鲜等的饲养和宰杀,以及各种蔬菜的剪改和保管工作,是一个不可缺少的基础工作岗位。水台岗位一般可分工如下:海鲜台,专门处理海鲜,要求技术熟练;飞禽台,宰杀鸡、乳鸽、鸭等;肉台,负责猪蹄、排骨、火腿等原料的清洗、斩件工作;蔬菜台,对蔬菜进行初步加工,如剪切、削皮、清洗等。

水台岗位可以根据饭店的需要来设立。使用半成品原料较多的饭店,水台人员就可以相应减少一些。有的中、小饭店在水台人员实在紧缺时,还可以动用传菜部人员进行原料的清洗加工工作。

(1)水台岗位领班及员工的职责:

①按照菜肴要求进行加工,根据工作量合理调配人员。

②密切联系各岗位的负责人,根据各岗位的实际要求合理安排工作。

③掌握水台的货源质量情况,加工中要充分控制出成率。

④保持冷库的水台货源的卫生,并将货源堆放整齐。

⑤做好本岗位的清洁工作。

⑥负责本岗位的考勤和考评工作。

(2)水台岗位领班及员工的工作程序:

①上班即到冷库查看蔬菜质量、数量。

②检查工具是否齐全,需要补领的及时领回备用。

③安排人员收货,做好加工前的准备工作。

④生产时注意水台半成品质量,厨房忙时注意观察菜肴出品情况,根据需要配备人手;留意有特殊要求的菜品,负责加菜、追菜的督促跟进工作。

⑤结束时和员工一起做好卫生工作,工具洗净分类摆放;检查蔬菜、禽类原料的库存,告知砧板岗位负责人。将当天没用完的备料收拾好。检查水、电等开关是否关好。

⑦ 上杂岗位的职责与要求　上杂岗位是一个负责厨房炖、焖、蒸、扣、烫和涨发干货原料的特殊岗位,它隶属于炉灶岗位,直接上司是头炉,其主要辅助炉灶人员完成一些炒锅无法进行的烹调操作,保证菜肴的出品质量和出菜的速度。由于炖、焖菜肴等可以提前制作,因此在厨房的菜单中上杂岗位可以辅助完成相当比例的预加工菜肴,这样可以减轻炉灶人员过忙所带来的出品速度上的压力。可以这么说,一个好的上杂人员可以完成一半菜肴的烹制工作。

(1)上杂岗位领班及员工的职责:

①负责上杂岗位的全部工作,合理安排人员。

②负责本岗位员工的考勤和考核。

③负责检查当天供应的货源品种、质量是否与所下的订购单相符。

④负责监督检查冰箱生熟食品的分类摆放及保鲜质量、卫生情况。

⑤掌握每天的酒席及零点菜单中上杂岗位所做的工作,并组织好人员。

⑥严格监督岗位菜肴出品,保证菜肴质量、规格,使之符合菜肴的色、香、味要求。

⑦做好每天生产计划及货源订购计划。

⑧每天检查炉头、蒸柜等设备的运转情况,保证正常生产。

(2)上杂岗位领班及员工的工作程序:

①上班前首先检查冷库内各种材料的数量和质量。

②检查各岗位卫生情况,检查各种调味料,试味,味道不对则重新调配。

③生产开始时,安排各项具体工作,协调各岗位人手,检查员工备料的情况。负责贵重海鲜的蒸炖,协调与其他部门的关系,如传菜部、水台岗位。

④生产结束时指挥大家将各种炖品取出放凉,用保鲜纸封好放入冰柜;和员工一起做好卫生工作,安排值班员工并提醒注意事项。

(3)上杂岗位工作的内容:

①完成厨房的蒸、炖、煲等菜肴的制作。

②完成各种干货的涨发,如鲍鱼、海参、燕窝、鱼肚等。

③煲制厨房的例汤(每天一种不同内容的汤菜),煲制厨房使用的各种高汤(分清汤、浓汤和上汤,煲好的浓汤和上汤可以放入冰箱保存)及炖品。

④保养好上杂人员所用的各种炖盅、煲、蒸笼等器皿,经常清洗笼、柜,保证食品质量。

⑤调制上杂人员使用的各种味汁,如豉油汁、蒜蓉汁、剁椒酱等。

⑥如果开设明档汤煲,要让一名员工在每天8:30左右,做所推介汤类的开煲工作。

⑧ 冷菜岗位的职责与要求 冷菜岗位负责厨房的冷菜、卤水、烧烤制作。当然有些冷菜岗位不提供卤水和烧腊菜。而在广东、福建等地区,冷菜就是指卤水和烧腊类菜肴,可以单独处理,也可以做成拼盘。冷菜岗位的直接上司是厨师长。

(1)冷菜岗位领班的职责:

①负责冷菜岗位的全面工作,经常听取顾客意见,不断改进加工水平。

②负责本岗位物品、原料及设备的保管和保养。

③负责制订冷菜岗位的操作规程和食品质量标准,监督并检查员工的执行情况。

④负责本岗位的卫生监督工作,严格遵守《中华人民共和国食品安全法》和卫生规范。

⑤负责本岗位员工的考勤、考核、技术培训和思想工作。

(2)冷菜岗位领班及员工的工作程序:

①上班上台操作前,冷菜厨师应先洗手消毒,更换工作服。

②炊具、餐具应在操作前彻底消毒。

③原料从采购到进货要严格把关,确保冷菜原料质量。

④根据不同品种的冷菜,进行严格的选料。

⑤根据不同的冷菜菜肴,选好配料和调味料。

⑥按照冷菜不同的烹制方法,加工制作各种冷菜菜肴。

⑦根据顾客点菜单,切配各种拼盘,雕刻制作冷菜菜肴。

⑧加工制作工作结束后,应将所有的用具进行清洗消毒,放到指定的地方备用。剩余的冷菜食品放入冰柜中,注意生熟食器分开存放。

(3)冷菜岗位工作的内容:

①严格检查原料,不符合卫生标准的不用,做到不制作、不出售变质和不洁的食品。

②操作人员要严格执行洗手、消毒的规定,洗涤后用75%酒精棉球消毒。

③冷菜的制作、保管和冷藏都要严格做到生熟食品原料分开,生熟工具、盛器、板、盆、秤、冰箱等,严禁混用,避免交叉污染。

④存入冷菜熟肉、凉菜的冰箱及房门拉手需用消毒小毛巾套上,每日更换数次。

⑤生吃的蔬菜、水果必须洗净,方可放入冷菜间冰箱。

⑥冷菜间内应设置紫外线消毒灯、空调设备、洗手池和冷菜消毒设备。

⑦冷菜熟肉在低温处存放超过24 h应回锅。

⑧保持冰箱内整洁,并定期进行洗刷、消毒。员工使用过卫生间后必须再次洗手消毒。

⑨严格执行餐饮企业关于个人卫生的规定,非工作人员不得进入厨房。

❾ **点心岗位的职责与要求**　点心岗位负责厨房点心制作。它可以单独存在,也可以和红案一起完成菜点的烹饪操作。目前多数高中档的厨房岗位设置比较齐备。点心岗位主管的直接上司是厨师长。点心岗位主管负责点心岗位的管理工作,组织和督促本岗位员工做好点心,保证质量和出品速度。

点心岗位分工如下:案板员,负责面制品从原料到半成品的制作;拌馅员,负责将所有馅类原料切配加工成半成品;煎炸员,负责将案板员制作的煎、炸的半成品炸成成品;熟笼员,将案板员、拌馅员制作的半成品蒸熟为成品出售;烘烤员,将案板员制作的半成品烘烤为成品出售。

（1）点心岗位领班的职责:

①负责整个点心部门的运作,经常了解顾客对食品的要求及意见,不断改进加工质量。

②掌握货源情况,做原料的订购计划,并负责原料的保管。

③核定食品的进货标准和成本,进行合理定价。

④负责整个点心部门的出品质量和生产数量。

⑤负责本岗位员工的工作安排和技术培训,做好员工的思想工作。

（2）点心岗位领班及员工的工作程序:

①上班查点采购单的原料是否到齐,并领回点心间进行加工。

②检查早班人员的出品是否合格。

③进行点心的制备工作,检查备货的数量是否充足。

④监督出品的质量、上菜时间,保证出品及时,质量稳定。

⑤结束时安排人员准备第二天的生产计划,把剩余点心放好,做好卫生工作。

任务四　厨师的职业素养

→ **任务描述**

随着我国旅游业、餐饮业的发展和科学技术的进步,对烹饪技术型人才的要求也越来越高,这就要求厨师具有扎实的专业理论知识、熟练的专业技能、较强的职业适应能力和高尚的职业道德。

→ **任务目标**

1. 了解厨师应具备的职业道德。

2. 了解厨师基本功的重要性。

3. 具备一定的食品安全意识。

→ **主题知识**

一、厨师应具备的职业操守

（一）高尚的职业道德

职业道德看似与能力无关,但是职业道德决定着一个人的敬业精神,而敬业精神决定着一个人的钻研精神,进而影响个人的能力。

职业道德总是要鲜明地表达职业义务、职业责任以及职业行为上的道德准则,反映职业、行业以至产业特殊利益的要求;它不是在一般意义上的社会实践基础上形成的,而是在特定的职业实践的基础上形成的,因而它往往表现为某一职业特有的道德习惯,表现为从事某一职业的人们所特有的道德心理和道德品质。

（二）扎实的基本功

烹饪技术主要是手工操作技术,讲究烹饪的基本功。正像人们所说的那样,很多人看着菜谱做不好菜。主要原因有两个方面:一是缺乏经验的积累,即使做一辈子饭,接触的原料与烹调方法也是有限的,不可能实现烹饪经验的积累;二是不具有烹饪的基本功,即使刀功很不错,但刀功只是烹饪基本功的一小部分,只掌握刀功是不可能做好菜的。因此,掌握烹饪技术中的基本功尤其重要。中等职业学校烹饪专业的学生在校期间的主要任务是基本功的学习与训练,我们所说的毕业后直接顶岗,只是相对而言,只能顶厨房内个别岗位(技能简单、不需要多少经验的岗位)和胜任助手的工作。只有让学生掌握了扎实的基本技能,才能有发展的后劲,才有创新的可能。

（三）积极的创新意识

同样的原料,不同的厨师会做出不同的菜肴,这是因为烹饪具有艺术的属性,而艺术的真谛就在于创造,所以每做一道菜都有创作的成分在里面。人们的饮食习惯具有相对的稳定性,又具有求新求异性,餐饮企业的主要功能就是满足人们在饮食上的求新求异性,因此,创新是每一位厨师不可或缺的能力。

二、厨师应具备的食品安全卫生意识

（一）食品安全与卫生意识的养成

食品安全是指食品无毒无害,符合营养要求,对人体健康不造成任何急性、亚急性或者慢性危害。餐饮从业人员要有健康的身体素质,要养成良好的卫生习惯和操作规范,才能保证所供应食品的卫生质量符合要求。

餐饮从业人员的洁净和个人卫生对食品安全非常重要。不讲卫生的从业人员将会污染其所生产或加工的食品。众所周知,即使健康人也可能是有害微生物的携带者,因此,良好的个人卫生习惯是从事食品加工工作的必备条件。

（二）食品安全卫生的相关要求

❶ 洗手　与食品卫生关系密切的细菌主要是金黄色葡萄球菌和肠杆菌科细菌。金黄色葡萄球菌在健康人的鼻腔内分布较多,当用手接触鼻部或擦鼻涕时,手指必然受到污染。另外,金黄色葡萄球菌还广泛地分布于人体皮肤上。据调查,30%的餐饮从业人员皮肤上可分离到该细菌。

洗手是餐饮从业人员最基本的卫生要求。日常生活中的洗手方法在去除细菌方面效果不好。在厨房内烹调食品时,必须重视对手的消毒,采用科学的洗手方法。

对烹制冷菜进行切配、装盘时,厨师的手指洗涤、消毒极为重要。在没有消毒皂时也可使用酒精棉球擦拭消毒。先将脱脂棉或纱布用市售医用酒精浸泡于广口瓶中备用。手指经仔细洗涤后干燥,再用浸过酒精的脱脂棉球或纱布反复擦拭即可。注意不能在洗手后潮湿状态下擦拭,以免酒精浓度降低,杀菌力减弱。即使经过洗涤,手上未必完全除菌,应尽可能避免手与食物不必要的接触。取用烹制过的食品时应使用合适的工具,取用消毒过的盘子应抓盘子边缘。

❷ 穿戴及服饰　工作时,必须穿戴好清洁的工作服、工作帽,保持整洁,头发不得外露,不得穿工作服进入与生产无关的场所及上厕所。如工作中到另一不同卫生要求的场所(如原料间),应更换工作服。冷菜切配操作时宜戴口罩及手套。

（1）对从业人员工作服的要求:①工作服(包括衣、帽、口罩)宜用白色(或浅色)布料制作,也可按其工作的场所从颜色或式样上进行区分,如粗加工、烹调、清洁等。②工作服应定期更换,保持清洁。接触直接入口食品人员的工作服应每天更换。③从业人员上厕所前应在食品处理区内脱去工作服。④待清洗的工作服应远离食品处理区。⑤每名从业人员应有两套及以上工作服。

（2）更衣场所要求：①更衣场所与加工经营场所应处于同一建筑物内，宜为独立隔间，有适当的照明设施，并设有符合规范的洗手消毒设施。②更衣场所应有足够大小的空间，以供员工更衣之用。

③ 人员的健康要求

（1）取得健康证。新参加或临时参加工作的人员，应经健康检查，取得健康合格证后方可参加工作。凡患有痢疾、伤寒、病毒性肝炎等消化道传染病（包括病原携带者），活动性肺结核，化脓性或者渗出性皮肤病以及其他有碍食品卫生疾病的，不得从事餐饮工作。

（2）定期接受体检。每年至少进行一次健康检查，必要时接受临时检查。发现疾病后要采取积极防治措施。从业人员有发热、腹泻、皮肤伤口或感染、咽部炎症等有碍食品卫生安全的，应立即脱离工作岗位，待查明原因、排除有碍食品卫生的病症或治愈后，方可重新上岗。应建立从业人员健康档案。

④ 个人习惯要求　保持良好的个人卫生习惯，如洗澡、洗头、着装整齐、经常洗手等，不良的卫生习惯是食品安全的严重隐患。如就餐或吸烟时，手指可能沾上唾液、汗液或其他体液，如果进入食品中，就可能成为有害污染源。

平时要勤洗澡，勤换衣服，勤理发，不得留长指甲和染指甲油，上班时不得戴戒指、项链等首饰物品，不得涂抹有浓烈芳香气味的化妆品。

⑤ 厨师的操作规范

（1）切配要求：切配和烹调实行双盘制。配菜的盘、碗，在原料下锅时撤掉，换用消毒后的盘、碗来盛装烹调成熟的菜肴。

（2）品味要求：在烹调操作时，试尝口味应用小碗或汤匙，尝后余汁一定不能倒入锅中，如用手勺尝味，尝完应立即洗净。

（3）操作要求：装配料的水盆要定时换水，菜板菜橱每日刷洗一次，菜墩用后要立放。炉台上盛调味料的盆、油盆、淀粉盆等在每日打烊后要端离炉台并加盖放置。淀粉盆要经常换水，油盆要新、老油分开，酱油、醋每日过笊篱一次，夏秋季汤锅每日清刷一次。烹调过程中应重视抹布、刀板的卫生。抹布要经常搓洗，不能一布多用，菜板应勤刮洗消毒。

⑥ 厨房用具的要求

（1）菜板：木制板一般使用柏木、厚朴木、银杏木等，切配过程中，细菌和食品的浸出物与水一起浸入，往往成为细菌的良好滋生地。即使经过仔细清洗，其效果也只是表面性的，要想除净木质中的细菌是难以做到的。即使用洗涤剂洗涤、用刷子刷，侵入木质中的污物和细菌事后还会浮现出来。而干燥能防止这些污物的浮出。菜板即使经过煮沸消毒或开水烫洗，也要迅速晾干。加工生鱼片时不宜使用木质菜板。

合成树脂菜板的特点与要求如下。合成树脂菜板有时会产生红色斑点，用洗涤剂很难除净，但可以放在日光下曝晒消毒。合成树脂菜板与台面摩擦力小，比较滑，中间可加一层垫布以加强菜板的稳定性。但如果垫布脏，也可能会导致细菌性食物中毒事故的发生。如不用垫布，可使用清洁宽幅的橡皮垫，以加强其稳定性。

揭层菜板的特点与要求：可经过适当处理后将表层揭去。通过揭去旧面换新面，可解决菜板表面易破损、易肮脏及难以去掉污物的问题。

（2）抹布：抹布多用来擦拭案板、炒勺、工作台，有时还用来擦拭盘、碗。若抹布不能保持清洁，处于黏糊油臭状态，则会与厨刀一起成为食源性疾病的主要媒介。对此，应当强调清洗、消毒、杀菌和干燥的重要性。抹布多为漂白的棉布，也有人造丝织品、丝麻混纺织品。根据用途不同，有时也以毛巾代替。抹布的基本要求是吸水性和吸污力要好，污物易除净，干燥速度要快，并且适合擦拭食具。

抹布不能一布多用,以预防微生物的交叉污染及食物中毒等食源性疾病的发生。在烹调前的准备阶段,应根据使用场所、使用目的的不同,准备各自专用的抹布并分别使用。如专用于切肉片的抹布,专用于切鱼片的抹布,专用于蔬菜和其他原料的抹布,专用于切熟食品的抹布,专用于擦手的抹布等。对厨房的餐具和已盛装熟食品的盘子边缘,尽量不用抹布去擦拭,以防止食品受到污染。另外,为了防止抹布错用,最好预先在颜色上加以区分,标出用途,以便于识别,防止错用。

正确使用抹布应作为员工卫生知识培训的重要内容。据了解,一些人对抹布的清洁维护缺乏应有的认识。白抹布一转手就成了黑抹布,如直接用抹布抹油锅、掏炉膛。在他们的手里,抹布成了"万能抹布"。其实抹布在多数情况下只有控干水分的功用,要改"万能"为专用,并坚持不懈,才能把好病从口入关。

(3)刀具:刀具在使用前,首先应保持锋利和清洁。磨快的刀具如暂时不用,应置于搁架上,而不宜放于抽屉中。刀刃不可接触硬的器具,以免受损。要避免刀刃对着人体或过道。清洁时可用抹布擦拭,但并不安全。更适合用温开水洗涤,以去除残存的食物碎屑及细菌。洗涤水温度过高(如沸水),可能会软化钢刀的刀刃。铁刀因为硬度大而不受影响。

| 课堂活动——课程思政模块 |

课堂活动 1

中国烹饪大师、餐饮业国家级评委、中国烹饪协会名厨专业委员会常务副主席李林生大师始终坚持"先做人、后做菜"的理念,每一位弟子拜他为师时,他都反复叮嘱弟子牢记"学艺先立德、做菜先做人"的道理。

小组讨论:让学生分组讨论,谈一谈作为新一代的厨师,如何塑造自己良好的外在形象和内在品德;另外,如何使中国的厨师成为中国形象的体现者、中国故事的传播者和中华文化的代言人。

课堂活动 2

为保护、拯救珍贵、濒危野生动物,保护、发展和合理利用野生动物资源,维护生态平衡,制定了《中华人民共和国野生动物保护法》。经 1988 年 11 月 8 日第七届全国人大常委会第 4 次会议修订通过,自 1989 年 3 月 1 日起施行。我国第一位"绿色厨师"张兴国,在他的努力和各地政府部门的大力支持下,现在已有不少厨师郑重立下了"拒烹野生动物"的誓言。

小组讨论:针对不时爆出的藏匿、烹制、销售野生动物的不文明行为,如何引导厨师自觉成为野生动物保护的践行者?

同步测试

一、名词解释
(1)厨房布局
(2)厨房设备
(3)厨房人员配置
(4)食品安全
二、填空题
(1)厨房布局常用的方法有 _____、_____、_____、_____、

_____、_____。

（2）从事食品加工工作的必备条件是 _____、_____、_____、

_____、_____、_____。

（3）中国优秀的饮食文化和烹饪技术，都是靠_____相传的方式一代又一代传下来的。

（4）正确使用_____应作为员工卫生知识培训的重要内容。

（5）_____是食品制作人员最基本的卫生要求。

三、判断题

（1）厨师和餐饮管理者的工作被称为"金饭碗"职业，有着易就业、高收入的显著特点。（　　）

（2）洗涤水温度过高（如沸水），不会软化钢刀的刀刃。（　　）

（3）菜板的类型、颜色、大小等要能清楚地加以识别。（　　）

（4）敬业精神决定着一个人的钻研精神，进而影响个人的能力。（　　）

（5）厨师长是厨房中权力最高的管理者。（　　）

四、简答题

（1）厨房布局的原则是什么？

（2）厨房设备在卫生安全方面要考虑哪些内容？

（3）厨房设备选配的原则是什么？

烹调辅助手段

任务一 原料的初步熟处理

→ **任务描述**

所谓初步熟处理,就是把经过初步加工的原料,用油、水、汽等加热,使其半熟或全熟的操作过程。初步熟处理的方法一般有焯水、过油、走红等。

→ **任务目标**

1. 了解原料初步熟处理的作用和原则。
2. 熟悉原料初步熟处理的各种方法。
3. 掌握原料初步熟处理的基本要求和操作要领。
4. 能做到遵守规程、安全操作、整洁卫生。

→ **任务内容**

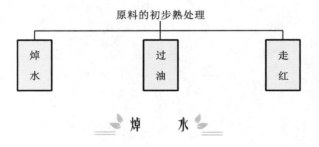

→ **主题知识**

一、焯水的概念

焯水,又称水锅,就是把经过加工处理的原料,放在水锅中加热到半熟或全熟的状态,以备进一步烹调的一种加工方法。

二、焯水的作用

(1)除去原料中的腥臊异味。
(2)可缩短正式烹调时间。
(3)便于去皮和切配成形。
(4)调整几种不同性质的原料,使其在正式烹调时成熟度一致。

三、焯水的分类及范围

（一）冷水锅焯水

冷水锅焯水是将原料与冷水同时下锅并加热至一定程度，捞出洗涤后备用的焯水方法。

适用范围：①植物性原料，如笋类、芋头、萝卜、马铃薯、山药等根茎类蔬菜，体积较大，含有不同程度的涩味或者苦味。②动物性原料，如牛肉、羊肉及动物的内脏等，这些原料存在血污比较多、腥膻异味比较浓重的现象。

（二）沸水锅焯水

沸水锅焯水是先将锅中的水加热至沸腾，再将原料放入，加热至一定程度捞出备用的焯水方法。

适用范围：①植物性原料，如菜心、芹菜、荠菜等叶、花、果类蔬菜，通过焯水，可保持原料的鲜艳色泽、脆嫩口感，减少营养成分的流失。②动物性原料，如腥膻异味小的肉类原料，如鸡、鸭、蹄髈等。

→ 典型案例

一、冷水锅焯水

（一）冬笋焯水

❶ 原料　冬笋500克。

❷ 操作步骤

（1）将冬笋剥去外壳洗净备用。

（2）将去壳的冬笋放入冷水锅，水量以浸没原料为准，大火烧开，转中小火加热至断生即可。

（3）捞出后用冷水冲凉，然后浸入冷水中备用。

| 原料 | 将清洗好的冬笋放入冷水锅 | 焯水成品 |

（二）猪肚焯水

❶ 原料　猪肚1个，葱结15克，姜块20克，料酒15克。

❷ 操作步骤

（1）猪肚清洗干净，锅中加入冷水，放入拍松的姜块、葱结、料酒，再将猪肚放入。

（2）大火烧开，撇去浮沫，转中小火加热至断生即可。

（3）捞出后用冷水冲凉，然后浸入冷水中备用。

❸ 冷水锅焯水的操作要领

（1）锅中的水量要多，一定要浸没原料。

（2）注意翻动原料，使其受热均匀。

（3）及时地除去浮沫，动物性原料可以加入葱、姜以除味。

原料

将焯完水的猪肚冲凉

焯水成品

二、沸水锅焯水

（一）土豆焯水

❶ **原料**　土豆 200 克。

❷ **操作步骤**

（1）土豆清洗干净，刀工成形。

（2）大火将冷水烧开，投入土豆，加热至断生即可。

水开后投入土豆

焯水成品

（3）捞出后用冷水冲凉，然后浸入冷水中备用。

（二）鱿鱼焯水

❶ **原料**　鱿鱼 200 克，老姜 1 块，料酒 50 克，小葱 20 克。

❷ **操作步骤**

（1）将鱿鱼洗净，小葱打结，老姜拍碎。

（2）沸水中加入老姜、小葱，沸腾时加入料酒，再加入鱿鱼。

（3）及时除去浮沫，至断生时捞出，浸入冷水中备用。

原料

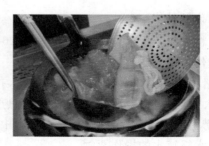
水开下鱿鱼

❸ **沸水锅焯水的操作要领**

（1）原料入锅前水一定要多，火要旺。

（2）一次下料不宜过多。

土豆焯水

将焯完水的鱿鱼冲凉

焯水成品

（3）原料下锅后略滚即应取出，尤其是绿叶菜类，加热时间不可太长。

（4）某些容易变色的蔬菜，如菜心、荠菜等，焯水后应立即投入冷水中冷却或摊开晾凉。

（5）鸡肉、鸭肉、猪肉等原料焯水后，水可用于制汤，避免浪费。

过 油

主题知识

一、过油的概念

过油，又称油锅，是指在正式烹调前以食用油脂为传热介质，将加工整理过的原料放入油锅中加热成半成品的初步熟处理方法。

二、过油的作用

（1）可改变原料的质地。

（2）可改善原料的色泽。

（3）可以加快原料成熟的速度。

（4）改变或确定原料的形态。

三、过油的方法及油温控制

过油的方法分为滑油和走油两种。

滑油：油温控制在 90～130 ℃。

走油：油温控制在 150～200 ℃。

四、过油的分类

（一）滑油

滑油又称划油、拉油等，是指用中油量、温油锅，将原料加热成半成品的一种初步熟处理方法。

（二）走油

走油又称炸、跑油等，是指用大油量、热油锅，将原料炸制成半成品的一种初步熟处理方法。

典型案例

一、滑油

（一）清炒里脊丝

❶ **工艺流程** 里脊肉→刀工成形→上浆→滑锅处理→放油加热（控制在 90～130 ℃）→投入里

脊丝→划散至转白断生→捞出沥油备用。

❷ **主配料** 里脊肉 150 克,蛋清 10 克。

❸ **调味料** 盐 3 克,味精 3 克,湿淀粉 15 克,色拉油 500 克等。

❹ **操作步骤**

(1) 将里脊肉切成 0.2 厘米粗细的丝。

(2) 里脊丝加盐 2 克、蛋清拌匀上劲,再放入湿淀粉 10 克上浆。

(3) 炒锅置旺火上烧热,用油滑锅后,放入色拉油烧至 90～130 ℃时,把上浆好的里脊丝放入油锅中,用筷子划散,至转白断生即倒入漏勺沥去余油。

(4) 原锅置中火上,加入少量清水、盐、味精,再加入湿淀粉勾芡,倒入里脊丝,淋明油,翻锅均匀后装盘即可。

(二) 适用原料

适用原料范围较广,家禽、家畜、水产品等原料均可,且大多是丁、丝、片、条等小型原料。

(三) 操作要领

(1) 先要进行滑锅处理(热锅冷油),防止原料粘锅现象发生。

(2) 根据原料的多少合理控制油温和油量,油温控制在 90～130 ℃。

(3) 上浆过的原料要分散下入油锅,适时用筷子划散至断生捞出,防止原料粘连。

二、走油

(一) 炸乳鸽

❶ **工艺流程** 原料挑选→宰杀→锅洗净加热→放油加热(150～200 ℃)→炸制→捞出备用。

❷ **主配料** 乳鸽两只。

❸ **调味料** 菜油 1000 克(实耗约 100 克)。

❹ **操作步骤**

(1) 选用乳鸽,宰杀初加工。

(2) 用六成(约 190 ℃)旺油锅,把乳鸽放入炸约 2 分钟,至肉皮起泡有皱纹时当即捞出。

宰杀初加工

炸制

捞出备用

装盘

（二）炸鸡翅

❶ **工艺流程**　原料初加工→锅洗净加热→放油加热→炸制→捞出备用。

❷ **操作步骤**

（1）将鸡翅进行腌制初加工。

（2）用七成（约 225 ℃）旺油锅，把原料放入炸约 1 分钟，至鸡翅金黄时当即捞出。

炸鸡翅

初加工

放油加热，准备炸制

炸制

装盘

（三）适用原料

家禽、家畜、水产品、豆制品、蛋制品等原料均可，以较大的片、条、块或整形原料为主，如整鸡（鸭）、蹄髈、鱼等。

（四）操作要领

（1）应用多油量、旺油锅，一般以浸没原料的油量及七八成热的油温为宜，火力要恰当，防止焦而不透。

（2）注意安全，防止热油飞溅。应采取防范措施，具体办法如下：一是原料下锅时与油面的距离应尽量缩短。二是原料投入锅中后应立即盖上锅盖，以遮挡飞溅的油滴。

（3）注意原料下锅的方法。有皮的原料下锅时皮应朝下。焯水后的原料，表面含水量较多，必须控干水分或用洁布揩净后再投入油锅，以减少热油飞溅。

（4）注意原料下锅后的翻动，防止粘锅底或者炸焦的现象发生。

走　红

▶ 主题知识

一、走红的概念

走红，又称上色、酱锅、红锅，是将一些经过焯水或走油的半成品原料放入各种有色的调味汁中进行加热，或将原料表面涂上某些调味料后油炸而使原料上色的初步熟处理方法。

二、走红的作用

（1）能缩短菜肴正式烹调的时间。

（2）能促进原料的入味、增色。

（3）能除腥减腻。

三、走红的分类及范围

走红分为卤汁走红和过油走红。

❶ **卤汁走红** 卤汁走红就是将经过焯水或走油的原料放入锅中，加入鲜汤、香料、料酒、糖、酱油等，用小火加热菜肴呈现所需要颜色的一种走红方法。

卤汁走红的适用范围：一般适用于鸡、鸭、鹅、方肉、肘子等原料的上色，以辅助烧、蒸等烹调方法制作菜肴，如红烧全鸡、九转大肠等。

❷ **过油走红** 过油走红是在经过加工整理的原料的表面涂上一层有色的调味料（料酒、酱油、面酱等），然后放入油锅中浸炸至原料上色的一种走红方法。

过油走红的适用范围：一般适用于鸡、鹅、鸭、方肉、肘子、鱼等原料的上色，以辅助蒸、卤等烹调方法制作菜肴，如虎皮肘子、梅干菜扣肉等。

四、走红的操作要领

（1）卤汁走红必须用小火加热，使调味汁的色泽能缓缓地浸入原料的内部。

（2）必须防止原料粘连锅底，并保持原料的完整性。

（3）必须掌握汤汁与原料的比例。

（4）必须注意原料的色泽及成熟度。

典型案例

一、卤汁走红

（一）卤鸡翅

❶ **主配料** 鸡翅 500 克。

❷ **调味料** 花椒 10 克，香叶 10 克，桂皮 15 克，生抽 15 克，料酒 15 克，葱段 10 克，姜片 10 克，蒜 10 克等。

❸ **操作步骤**

（1）将鸡翅和调味料准备好，锅中加足量的水，煮开后焯水，焯完水的鸡翅放入冷水中备用。

（2）锅内水煮开后放入葱段、姜片、香料包煮制，下鸡翅，加盐、白糖和生抽，继续煮 15～20 分钟。

原料

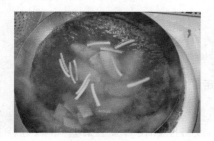

焯水

（3）大火收汁，将鸡翅卤上色即可。

煮制

成品装盘

（二）卤猪爪

❶ **主配料** 猪爪 500 克。

❷ **调味料** 花椒 10 克，香叶 10 克，桂皮 15 克，生抽 15 克，料酒 15 克，葱段 10 克，姜片 10 克，蒜 10 克等。

❸ **操作步骤**

（1）猪爪洗净，锅中加足量的水，放入猪爪，煮开后继续煮 5 分钟左右，至血水全部析出，撇去浮沫。花椒等香料用纱布包裹。

（2）原锅内放入葱段、姜片、香料包煮制，加盐、白糖和生抽，继续煮 15～20 分钟，转至小火加盖焖煮 1 小时，关火浸 2 小时以上。

（3）大火收汁，将猪爪卤上色即可。

原料

煮制

成品装盘

二、过油走红

（一）琥珀猪蹄

❶ **主配料** 猪蹄（猪爪）500 克。

❷ **调味料** 油 1000 克，酒 10 克，酱油 15 克，糖 20 克，五香粉 5 克，茴香 3 克等。

❸ **操作步骤**

（1）烧热油，将猪蹄放入，炸至金黄酥脆捞出（炸时不宜经常翻动）。

原料

过油

（2）倒出多余的油，爆香葱、姜，加少许水，下糖、酱油适量，滚至汁浓。将炸好的猪蹄放入调好的浓汁中，拌炒片刻，便可装盘。

走红

装盘

（二）琥珀鸡爪

① **主配料**　鸡爪 1000 克。

② **调味料**　油 1000 克，酒 10 克，酱油 15 克，糖 20 克，五香粉 5 克，茴香 3 克等。

③ **操作步骤**

（1）烧热油，将鸡爪放入，炸至金黄酥脆捞出（炸时不宜经常翻动）。

（2）倒出多余的油，爆香葱、姜，加少许水，下糖、酱油适量，滚至汁浓。将炸好的鸡爪放入调好的浓汁中，拌炒片刻，便可装盘。

原料

过油

走红

装盘

琥珀鸡爪

任务练习

一、填空题

（1）肉类常用_____锅焯水。

（2）过油又称_____，是指在正式烹调前以_____为传热介质，将加工整理过的原料放入油锅中加热成半成品的初步熟处理方法。

（3）沸水锅焯水需要注意原料入锅前水要_____，火要_____。

二、选择题

(1) 滑油时的油温控制在（　　）。

A. 90～120 ℃　　　　　B. 60～90 ℃　　　　　C. 120～150 ℃　　　　　D. 90～130 ℃

(2) 走油时的油温控制在（　　）。

A. 180～210 ℃　　　　B. 150～180 ℃　　　　C. 120～150 ℃　　　　D. 150～200 ℃

三、简答题

思考一下，原料过油时，如何掌握油温的高低？

任务二　糊、浆、芡及制汤

任务描述

中餐烹调技艺辅助手段主要有初步熟处理、糊浆的处理、勾芡、熬制汤底。酒店厨房在制作大型宴席的一些特定菜肴时，在正式烹调之前往往需要对原料进行初步熟处理。上浆、挂糊、勾芡对菜肴的色、香、味、形、质均有较大影响。本项目以典型菜品为例，系统介绍常用糊、浆、芡的调制方法。学生应熟练掌握其调制工艺和操作关键点，并根据顾客要求熬制汤底。

任务目标

1. 掌握浆、糊、芡的种类、用料、风味特点、调制工艺和操作要领。
2. 掌握以水为传热介质制汤的种类和制汤的操作要领。

任务内容

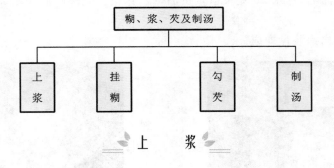

上　浆

主题知识

一、上浆概念

上浆就是在经过刀工处理的原料表面，加入适当的淀粉、蛋液、小苏打等，使原料包裹上一层薄薄的浆液，经过加热使制成的菜肴达到滑嫩效果的方法。

二、制作关键

灵活掌握各种浆的厚薄。恰当掌握各种浆的调制方法。调制时应先慢后快、先轻后重。用浆将原料全面包裹，避免滑炒时油与原料直接接触而导致原料变老变色。根据原料性质和菜肴制作要求选用不同的浆。如无色菜肴应选择不会产生色泽的蛋清浆等。

三、上浆的特点

（1）原料上浆后能保持主配料的嫩度。

（2）美化原料形态。

（3）保持和增加菜肴的营养成分。

（4）保持菜肴的鲜美滋味。

四、浆的分类

浆可以分为水粉浆、蛋清浆、全蛋浆、苏打浆。

→ **典型案例**

一、水粉浆——滑炒鱼片

将原料用调味料（盐、料酒或黄酒、味精）腌制入味，再用水与淀粉调匀上浆，水粉浆的浓度以裹住原料为宜。水粉浆由淀粉、水、盐、味精、料酒（或黄酒）等构成，一般用料比例如下：原料 400 克、干淀粉 40 克、冷水适量（应视原料含水量而定）。

❶ **工艺流程** 原料准备→改刀→腌制→上浆→滑油→勾芡→成菜装盘。

❷ **主配料** 净草鱼肉 300 克，生姜、小葱各 30 克。

❸ **调味料** 色拉油 1000 克（实耗约 60 克）、盐 5 克、味精 2 克、黄酒 4 克、水淀粉适量。

❹ **制作步骤**

（1）改刀：将鱼肉去皮，切成长 6 厘米、宽 2 厘米、厚 0.5 厘米的片备用。

（2）腌制上浆：用 2 克左右盐、适量味精腌制，再加入水淀粉抓捏上劲。

（3）滑油：热锅冷油，滑锅后加入油烧至三成热，放入鱼片划散至鱼肉成熟后捞出。

（4）勾芡：将锅洗净后，加水 20 克及适量黄酒、盐、味精。烧沸腾后用水淀粉勾芡，再放入鱼片，用手勺轻轻推匀。

（5）装盘：淋明油出锅装盘即成。

改刀成形

腌制上浆

滑油

装盘

⑤ **制作关键**

（1）鱼片上浆时要抓捏上劲，注意盐的浓度，防止滑油时脱浆。

（2）滑油时掌握好油温，一般在三成热左右。

（3）芡汁厚薄要适度、口味适中，明油不宜过多。

二、蛋清浆——滑炒鸡丝

蛋清浆是由蛋清、淀粉、盐、料酒、味精等原料调制而成的。一种调制方法是先将原料用盐、料酒、味精抓拌至入味并有黏性，然后加入蛋清抓匀，最后加入湿淀粉拌匀即可。另一种调制方法是先将盐、料酒等调味料与蛋清、湿淀粉调成浆，再把主配料放入蛋清浆中拌匀即可。

❶ **工艺流程**　原料准备→切配→腌制→上浆→滑油→勾芡→装盘。

❷ **主配料**　鸡脯肉 250 克。

❸ **调味料**　色拉油 1000 克（实耗约 60 克）、盐 3 克、味精 2 克、料酒 5 克、水淀粉 15 克等。

❹ **制作步骤**

（1）改刀：将鸡脯肉批成薄片，然后顺肉丝纹理切成 8 厘米长的细丝。

（2）腌制上浆：将鸡丝用清水漂净后沥干水分，加入盐 3 克、料酒 5 克、水淀粉 10 克轻抓上劲。

（3）滑油：锅洗净后用油滑锅，加入油烧至三成热时，将上浆好的鸡丝放入锅中，用筷子划散至鸡丝发白成熟后倒入漏勺沥油。

（4）勾芡装盘：锅洗净后加入水 40 克及适量盐、料酒、味精，水沸腾后用水淀粉勾芡，待芡汁浓稠后放入鸡丝，翻拌后淋上明油装盘即成。

原料批片

切丝 | 上浆

滑油

勾芡

装盘

⑤ **制作关键**

（1）鸡丝改刀时注意长短一致、粗细均匀，防止连刀现象出现。

（2）使用蛋清浆处理，做到厚薄均匀，鸡丝上劲，动作轻柔防止断碎。

（3）控制好滑油的时间及油温，防止鸡丝过老。

三、全蛋浆——宫保鸡丁

全蛋浆由全蛋液、淀粉、盐、料酒等构成。调制全蛋浆的其中一种方法是先将原料用盐、料酒、味精抓拌至入味并有黏性,然后加入蛋清抓匀,最后加入湿淀粉拌匀。

调制全蛋浆时应注意两点:一是全蛋浆需要调和得更加充分,以保证各种用料相互融为一体。二是用全蛋浆浆制质地较老韧的主配料时,宜加适量的泡打粉或小苏打,使主配料经滑油后松软且嫩。

❶ 工艺流程　原料准备→改刀成形→腌制→上浆→滑油→滑炒→成菜装盘。

❷ 主配料　鸡脯肉 250 克,红椒、青椒各 10 克,鸡蛋 1 个,熟花生米 40 克。

❸ 调味料　料酒 3 克,葱、姜各 10 克,盐 2 克,味精 1.5 克,色拉油 1000 克(约耗 75 克),豆瓣酱 10 克,水淀粉 15 克,酱油 8 克等。

❹ 制作步骤

(1)改刀:将鸡脯肉改刀成 1 厘米见方的丁,葱切段,姜切片,青、红椒切丁。

(2)腌制上浆:将改刀后的鸡丁用料酒 3 克、盐 1.5 克、味精 1.5 克、胡椒粉少许、葱段、姜片腌制,并加入全蛋浆搅拌均匀。

(3)滑油:锅洗净后滑锅处理,加入油,烧至三成热,将鸡丁下锅用筷子划散,再倒入青、红椒丁,倒入漏勺沥油。

(4)炒制装盘:原锅留底油少许,加入豆瓣酱、葱段、姜片炒香,再加入各类调味料进行调味,倒入鸡丁后勾芡,最后加入熟花生米,淋上明油,翻拌均匀即可装盘。

准备原料

改刀成形

加料酒、盐、味精、
胡椒粉、葱段、姜片腌制

滑油

炒制

装盘

❺ 制作关键

(1)鸡脯肉需要加工成大小一致的丁。

(2)豆瓣酱在炒制时需要炒出香味且防止炒焦。

(3)熟花生米需要在最后一步放,否则会不脆。

❻ 思考

(1)鸡丁滑油时有哪些注意事项?

(2)还有哪些菜肴需要用全蛋浆?

四、苏打浆——尖椒牛柳

苏打浆是由蛋清、淀粉、小苏打、水、盐等构成的。制作时先将原料用小苏打、盐、水等腌制片刻，然后加入蛋清、淀粉拌匀，上好浆后静置一段时间即可使用。一般比例如下：原料450克，蛋清45克，淀粉45克，小苏打2.5克，盐2克，水适量。适用于质地较老、肌纤维含量较多、韧性较强的主配料，如牛肉、羊肉等。

❶ 工艺流程 原料准备→改刀成形→腌制→上浆→滑油→炒制→成菜装盘。

❷ 主配料 牛里脊肉200克，尖椒100克，鸡蛋1个。

❸ 调味料 老抽9克，嫩肉粉2.5克，白糖2克，料酒3克，蚝油10克，姜块50克，葱结50克，干淀粉3克，胡椒粉少许，味精3克，鲜汤25克，麻油5克，湿淀粉5克，蒜泥3克，姜片2.5克，葱段5克，色拉油500克，盐适量等。

❹ 制作步骤

（1）改刀成形。将牛里脊肉顺长条切成牛柳。

（2）腌制上浆。将老抽及适量嫩肉粉、白糖、盐、蚝油、鸡蛋调成汁，放入牛柳、葱结、姜块搅拌均匀，腌制30分钟。搅拌上劲后，加入干淀粉拌匀上浆，最后加入色拉油25克，并放冷藏柜静置1小时。

（3）滑油。锅烧热入油，待油温升至三成热，下牛柳划熟捞出。

改刀成形

滑油

（4）炒制。锅留余油，加尖椒煸炒，加入各种调味料、鲜汤，加入牛柳翻炒，勾芡出锅。

（5）装盘。

炒制

装盘

❺ 制作关键

（1）牛里脊肉要顺长条切丝。

（2）上浆时要用力搅拌，使各种调味料充分渗入牛里脊肉内部。

（3）控制好小苏打或嫩肉粉的用量。

（4）注意滑油时控制油温。

❻ 成品特点 菜肴鲜润，尖椒脆嫩，牛里脊肉滑嫩。

❼ 代表菜肴 尖椒牛柳、铁板牛排、蚝油牛肉。

挂　　糊

主题知识

一、挂糊的概念

挂糊,又称着衣,就是根据菜肴的质量标准,在经过刀工处理的原料表面,适当地挂上一层黏性的糊,经过加热,使制成的菜肴达到酥脆、松软等效果的烹调方法。

二、挂糊的用料

挂糊的用料主要有淀粉、面粉、鸡蛋、膨松剂、面包粉(或其他原料如芝麻、核桃粉)、油脂等。不同的挂糊用料有不同的作用,制成糊加热后的成菜效果明显不同。

三、挂糊的作用

(1) 可以保留主配料中的水分和保持鲜味,并使菜肴获得外焦里嫩的质感。

(2) 可保持主配料的形态完整,并使之表面光润、形态饱满。

(3) 可保持和增加菜肴的营养成分。

(4) 使菜肴呈现悦目的色泽。

(5) 使菜肴产生诱人的香气。

四、操作要领

(1) 要灵活掌握各种糊的浓度。

(2) 恰当掌握各种糊的调制方法。

(3) 挂糊时要把主配料全部包裹起来。

(4) 根据主配料的质地和菜肴的要求选用适当的糊液。

五、挂糊的分类

可将常用的糊分成蛋清糊、蛋黄糊、泡打糊、干粉糊、脆皮糊、拍粉拖蛋滚面包粉(屑)糊六种。

典型案例

一、蛋清糊——软炸鸡片

蛋清糊又称软炸糊,主要由蛋清、淀粉(或面粉)等调制而成。制作时将打散的蛋清加入干面粉,搅拌均匀即可,其用料比例是1∶1,可加适量水,多用于制作软炸类菜肴,如软炸里脊、软炸鱼条等。

❶ 工艺流程　　原料准备→改刀成形→腌制→挂蛋清糊→炸制→成菜装盘。

❷ 主配料　　鸡脯肉 200 克,鸡蛋 2 个(取蛋清)。

❸ 调味料　　面粉 50 克,淀粉 20 克,色拉油 1000 克(约耗 70 克),料酒 3 克,葱末 2 克,姜末 1 克,盐 3 克,味精 2 克,花椒盐一小碟等。

❹ 制作步骤

(1) 改刀成形。将鸡脯肉批成 0.3 厘米厚的片,在表面剞上一些浅刀纹,然后改成边长约 3 厘米的菱形片。

(2) 腌制。将鸡脯肉片用盐及料酒、味精、葱末、姜末腌制 3 分钟。

软炸鸡片
(挂糊)

（3）调蛋清糊。取面粉 50 克、淀粉 20 克、蛋清，再加入适量冷水（应视主配料含水量而定）抓拌均匀。

（4）炸制。炒锅置中火上，放入油，烧至五成热时，将鸡脯肉片逐片挂好糊入锅内炸制成熟，至表皮淡黄色时，捞出沥油装盘。

（5）装盘。上桌时随带一碟花椒盐。

改刀成形

调蛋清糊

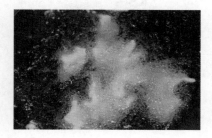
炸制

装盘

❺ 制作关键

（1）改刀形状大小一致。

（2）糊不能过厚或过薄。

（3）油温切忌过高，应控制在五成热左右。

（4）成品色泽不能太深，呈淡黄色即可，操作时需要掌握好炸制的时间和油温。

❻ 成品特点 色泽微黄，外松软，里鲜嫩。

❼ 代表菜肴 软炸里脊、软炸蘑菇、软炸虾仁。

二、蛋黄糊——糖醋排骨

蛋黄糊是用干淀粉（或面粉）、蛋黄加适量冷水调制而成的，蛋黄与干淀粉（或面粉）的用量为 1∶1。多用于制作炸、熘类菜肴，如糖醋鱼片、糖醋排骨等。

❶ 工艺流程 原料准备→改刀成形→腌制→挂蛋黄糊→炸制→勾芡→成菜装盘。

❷ 主配料 仔排 250 克，鸡蛋 1 个（取蛋黄）。

❸ 调味料 面粉 40 克，干淀粉 60 克，料酒 3 克，葱末 2 克，姜末 1 克，盐 3 克，味精 2 克，色拉油 1000 克等。

❹ 制作步骤

（1）改刀成形。将仔排改刀成骨牌块。

（2）腌制。将仔排用盐及料酒、味精、葱末、姜末腌制 3 分钟。仔排加料酒、姜末腌制后可去腥增香。

（3）调蛋黄糊。用面粉 40 克，干淀粉 60 克，蛋黄，水 60 克调成糊，放入腌制过的仔排块挂匀糊。

（4）炸制。用旺火将油烧至六成热，下入挂好糊的仔排块，逐块进行初炸至结壳，去除碎末，待油温回升至七成热时复炸,至色泽金黄、表面酥硬时捞出。

（5）制芡熘制。锅内留底油 10 克,用酱油 10 克、糖 20 克、醋 20 克、水 50 克调制好糖醋汁并放入锅内,勾芡后,随即投入炸好的仔排块,翻拌均匀,淋明油出锅。

改刀成形

调蛋黄糊

炸制

制芡熘制

装盘

⑤ 制作关键

（1）炸制时要使表面酥硬。

（2）调制味汁时,调味料比例应适当,芡汁应适度。

⑥ 成品特点　色泽红亮,酸甜适口,外脆里酥。

⑦ 代表菜肴　糖醋排骨、炸藕盒、炸茄盒。

三、泡打糊——高丽苹果

泡打糊的用料由淀粉与蛋清构成,5 个鸡蛋的蛋清应加淀粉 80～85 克。调制时将蛋清用打蛋器顺一个方向连续搅打至完全起泡,加入淀粉,轻搅至均匀即可。

① 工艺流程　原料准备→改刀成形→拍上干淀粉→挂泡打糊→炸制→装盘→随味碟上席。

② 主配料　苹果 2 个,鸡蛋 5 个(取蛋清)。

③ 调味料　干淀粉 80 克,盐 1 克,色拉油 1000 克(耗 80 克)等。

④ 制作步骤

（1）改刀:将苹果去皮,切成约 1 厘米见方的丁,拍上干淀粉。

（2）搅打蛋泡:蛋清搅打成泡沫状,打至泡细、色发白为好,翻而不会倒出,加入干淀粉轻轻拌匀。

（3）炸制:炒锅置小火上,加入色拉油烧至二成热时,将苹果丁逐个挂上泡打糊放入油锅中,小火慢炸至鹅黄色时捞起。

（4）装盘:上桌时可随带辣酱油或番茄沙司蘸食。

⑤ 制作关键

（1）苹果切成 1 厘米见方的丁,蛋清要搅打至完全起泡。

（2）淀粉要适量,淀粉加入后拌匀即可。

（3）挂糊要均匀,掌握好油温,使成菜色泽一致。

蛋清搅打成泡沫状,翻而不会倒出

加入干淀粉轻轻拌匀

油温二成热时,苹果丁逐个挂上
泡打糊,放入油锅中炸至鹅黄色

成菜装盘

⑥ **成品特点**　色泽鹅黄、大小一致、饱满光洁、挂糊均匀,外松绵,里香甜。

⑦ **代表菜肴**　高丽香蕉、松炸菜花、松炸银鱼。

四、干粉糊—— 炸烹里脊丝

干粉糊实际上就是直接用干的淀粉进行拍粉处理的糊,一般先将主配料用调味料腌制后滚上淀粉即可,但应注意要现拍现炸。适用于制作炸、熘类菜肴,如松鼠鳜鱼、菊花青鱼、葡萄鱼等。

① **工艺流程**　原料准备→改刀成形→腌制→拍上干淀粉→炸制→烹制→装盘。

② **主配料**　里脊肉 200 克,干淀粉 500 克,姜片 5 克,葱段 5 克。

③ **调味料**　盐 3 克,糖 25 克,醋 20 克,酱油 5 克,料酒 5 克,色拉油 1000 克(约耗 75 克)等。

④ **制作步骤**

(1) 改刀成形。将里脊肉批成 0.2 厘米厚的片,然后切成 8 厘米长的细丝。

(2) 腌制。里脊丝用盐、料酒、味精、葱段、姜片腌制 3 分钟。

(3) 拍粉。将里脊丝均匀地拍上干淀粉,然后抖去多余的粉料。注意要现拍与炸。

(4) 炸制。将里脊丝下油锅炸至色泽金黄、质感酥脆,捞出沥油。

(5) 烹制。烹入糖醋汁,旺火收汁,颠翻出锅装盘。

改刀,腌制

拍粉

⑤ **制作关键**

(1) 原料选择要精,需使用里脊肉。

炸制

成菜装盘

（2）刀工处理要细。里脊丝要长短均匀，粗细一致，且无连刀现象。这不仅是为了使成菜整齐美观，更是为了使原料能够受热均匀，同时上色，同时成熟，同时入味。

（3）腌制入味要足。

（4）拍粉要均匀，现拍现炸，防止粉层过厚而影响菜肴质感。

（5）要做到两次油炸。第一次炸时，油温宜为六成热，分散下入挂糊拍粉的原料，待其变硬、色淡黄时捞出。第二次炸是为了使原料表面金黄酥脆，油温应控制在七至八成热。

❻ 成品特点　色泽红亮，质感酥脆。

❼ 代表菜肴　菊花鱼块、炸烹虾段。

五、脆皮糊——脆皮鱼条

脆皮糊主要由面粉、淀粉、清水、泡打粉、色拉油、盐调制而成。调制时，先将面粉、淀粉、泡打粉和盐放入大碗内搅拌均匀，加入清水抓成糊，静置5分钟左右，至粉糊中产生小气泡后再加入色拉油搅匀即可。

❶ 工艺流程　原料准备→改刀成形→腌制→挂脆皮糊→炸制→成菜装盘。

❷ 主配料　净草鱼100克。

❸ 调味料　面粉100克，超级生粉25克，清水200克，泡打粉25克，色拉油1000克（约耗70克），料酒3克，葱段2克，姜片3克，盐5克，味精2克，花椒盐一小碟。

❹ 制作步骤

（1）改刀成形。将草鱼剖开，批去骨刺，将鱼肉改成7厘米长、1厘米宽的长条。

（2）腌制。鱼条用盐、料酒、味精、葱段、姜片腌制3分钟。

（3）调脆皮糊。取面粉100克、超级生粉25克、清水200克、泡打粉25克、色拉油30克抓匀。

（4）炸制。炒锅置中火上，加入色拉油，烧至五成热，将鱼条均匀地挂上糊入锅进行炸制，至表皮浅黄酥脆即可取出装盘。

原料准备

调脆皮糊

❺ 制作关键

（1）改刀时应大小一致。

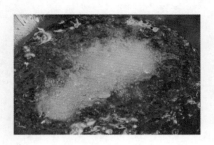

炸制

成菜装盘

（2）调脆皮糊时要掌握用料比例，厚薄要适度，尤其泡打粉的用量要适中。

（3）注意油温，下锅时应控制在五成热左右，炸制时防止油温过高。

（4）拌糊均匀，要使鱼条均匀地挂上糊。

⑥ **成品特点**　涨发饱满，光洁，色泽浅黄，大小一致。

⑦ **代表菜肴**　脆皮鱼条、双色墨鱼条、脆皮炸鲜奶。

六、拍粉拖蛋滚面包粉（屑）糊——吉利猪排

拍粉拖蛋滚面包粉（屑）糊常用淀粉（或面粉）、全蛋液、面包粉（也可为芝麻、桃仁、松仁、瓜子仁）等原料调制而成。

① **工艺流程**　原料准备→改刀成形→腌制→拍粉→拖蛋液→蘸面包屑→炸制→成菜装盘。

② **主配料**　猪上脑肉250克，面包屑100克，鸡蛋1个，面粉50克。

③ **调味料**　葱段5克，姜片10克，料酒5克，盐3克，胡椒粉2克，辣酱油2克，味精2克，花生油1000克（实耗100克）等。

④ **制作步骤**

（1）改刀成形。将猪上脑肉剔去筋络，用刀批成约0.3厘米厚的大片，平摊在砧板上，用肉锤敲打使其松软。

（2）腌制。主料放入盘内，用葱段、姜片、料酒、盐、味精、胡椒粉腌制数分钟。

（3）拍粉、拖蛋液、蘸面包屑：鸡蛋磕入碗内，加料酒2克、盐1克抓匀，将腌制后的猪排拍粉后裹上蛋液，两面蘸上面包屑，用手掌按之，成猪排生坯。

（4）炸制。将猪排生坯轻轻按实，待油烧至五六成热时放入猪排生坯，炸至淡黄色捞起。待油七成热时，将猪排再炸一次至金黄色捞起沥油，用刀改成小块装盘，带辣酱油碟上桌即可。

改刀成形

拍粉、拖蛋液、蘸面包屑

⑤ **制作关键**

（1）肉应拍粉按紧。

（2）恰当掌握油温，油温过高时菜肴易变焦。

（3）根据顾客的口味，菜肴随带味碟上席。

⑥ **成品特点**　猪排金黄，外壳酥脆，肉香入味。

炸制

装盘

❼ 代表菜肴 吉利猪排、火腿灌汤虾球、芝麻里脊。

勾 芡

 主题知识

一、勾芡的概念

勾芡就是根据烹调方法及菜肴成品的要求,在主配料接近成熟时,将调好的粉汁淋入锅内,以增加汤汁对主配料附着力的烹调方法。

二、勾芡的作用

(1)能使菜肴鲜美入味。勾芡后汤汁浓稠,能更多地黏附在菜肴表面,使菜肴滋味鲜美。

(2)能使菜肴外脆里嫩。勾芡后汤汁浓稠,不易渗入菜肴内部,有助于质脆菜肴保持质感。

(3)使汤菜融合,滑润柔嫩。烧、烩、扒菜的汤汁与原料融合,可增加菜肴滋味。

(4)能使菜肴主料突出。勾芡后提高了汤菜的浓度,主料能浮在菜肴表面。

(5)能增加菜肴的色泽,使菜肴更加鲜艳明亮。

(6)勾芡后芡汁裹住了菜肴外壳,能对菜肴起到保温作用。

三、勾芡的种类

勾芡可以分为翻拌法勾芡、淋推法勾芡、泼浇法勾芡。

四、勾芡操作要领

(1)在菜肴接近成熟时勾芡。

(2)在汤汁恰当时勾芡。

(3)在菜肴口味、颜色确定时勾芡。

(4)在菜肴油量不多的情况下勾芡。

(5)在粉汁浓度适当时勾芡。

 典型案例

一、翻拌法勾芡——龙井虾仁

翻拌法勾芡是为了使芡汁全部包裹在主配料上,适用于爆、炒、熘等烹调方法,多用于旺火速成、勾芡厚的菜肴。

❶ 工艺流程 原料选取→取虾仁→挂糊→滑油→调味→勾芡→出锅装盘。

② **主配料** 活大河虾 1000 克,龙井新茶 1.5 克,鸡蛋 1 个。

③ **调味料** 料酒 1.5 克,盐 3 克,味精 2.5 克,干淀粉 40 克,熟猪油 1000 克(约耗 75 克)等。

④ **制作步骤**

(1) 将活大河虾去壳,挤出虾仁,换水再洗。这样反复洗三次,将虾仁洗得雪白后取出,沥干水分。

(2) 调制味汁,并将虾仁放入碗内,加盐、味精和蛋清,用筷子搅拌至有黏性时,放入干淀粉拌和挂糊。取茶杯一个,放上龙井新茶茶叶,用沸水 50 克泡开(不要加盖),放 1 分钟,滤出 40 克茶汁,剩下的茶叶和茶汁待用。

(3) 炒锅置火上,用油滑锅后,下熟猪油,烧至四五成热,放入虾仁,并迅速用筷子划散,约 15 秒钟后取出,倒入漏勺沥油。

(4) 炒锅内留油少许置火上,将虾仁倒入锅中,并迅速倒入茶叶和茶汁,烹料酒,加盐和味精,颠炒几下,勾芡,即可出锅装盘。

| 改刀腌制 | 调制味汁 | 挂糊 |
| 滑油 | 勾芡 | 成菜装盘 |

龙井虾仁
(勾芡)

⑤ **制作关键**

(1) 要选鲜河虾,每 500 克 100～120 只个头的比较合适。龙井茶素有"色绿、味甘、香郁、形美"四绝的美誉,是茶中名品。在清明节采摘的龙井新茶被称为"明前龙井",尤为清香甘美,是茶中极品。

(2) 挤出的虾仁洗净之后用盐、蛋清和干淀粉腌制入味。茶泡开之后留取茶叶和部分茶汁备用。先用温熟猪油滑开虾仁后捞出,放虾仁、茶叶(带茶汁)、料酒,迅速颠炒,勾芡出锅。

(3) 调味料要少,突出活大河虾的鲜味和龙井新茶的香味。

⑥ **成品特点** 色泽洁白,质地鲜嫩爽滑,茶香适口。

⑦ **代表菜肴** 龙井虾仁、八宝辣酱。

二、淋推法勾芡——酸辣海参羹

① **工艺流程** 原料准备→改刀成形→加入清汤→烧沸→勾芡→成菜装盘。

② **主配料** 海参,鸡蛋。

③ **调味料** 盐 3 克,湿淀粉 25 克,米醋 15 克,海米适量,料酒 2 克,胡椒粉适量,芝麻油适量,葱适量,香菜适量等。

❹ **制作步骤**

(1) 葱和香菜切成碎末,鸡蛋打散备用,海参切开,去掉牙齿部分后切成小段备用,海米提前清洗后略泡。

(2) 将海米和水一起放在锅中煮沸,转小火略煮3～5分钟后转大火,加少许高汤精或鸡精。再加入料酒去腥,当海米变软时,加入海参煮沸,再将蛋液用筛子淋入汤中。

(3) 当蛋花浮起时,加入米醋调味,再加入胡椒粉、少许盐调味,关火后加入少许芝麻油增香,淋入湿淀粉勾芡。

(4) 最后加香菜末和葱末即可出锅装盘。

切配 　　　　　　　　　　　　　　　制汤

勾芡 　　　　　　　　　　　　　　　装盘

❺ **淋推法勾芡的具体方法**　淋推法勾芡的具体方法有两种:一是在主配料接近成熟时,一只手持锅缓缓晃动,另一只手持手勺将芡汁均匀淋入,边淋边晃,直至汤菜融合为止。常用于整个、整形或易碎的菜肴。二是在主配料快要成熟时,不晃动锅,而是一边淋入芡汁,一边用手勺轻轻推动,使汤菜融合。多用于数量多、主配料不易破碎的菜肴。

在烹调过程中,应当根据主配料的质地、烹调方法及菜肴成品的要求,灵活而合理地进行芡汁的调制。

❻ **代表菜肴**　文思豆腐、开胃羹、太湖银鱼羹。

三、泼浇法勾芡——菊花鱼块

❶ **工艺流程**　原料选择→切配→腌制→拍粉→炸制→成菜装盘。

❷ **主配料**　带皮净草鱼肉40克。

❸ **调味料**　干淀粉150克、番茄酱50克、白糖50克、白醋30克、盐4克、料酒5克、湿淀粉15克、色拉油1000克(约耗150克)。

❹ **制作步骤**

(1) 改刀:在带皮净草鱼肉的肉面上剞上细十字花刀,深至鱼皮处(不要剞断),再改刀成长4厘米、宽3.5厘米的鱼块。

(2) 腌制:用料酒2克、盐2克拌匀腌制。

(3) 拍粉:在腌制好的鱼块上拍上干淀粉,使鱼刀口处丝丝条条分开。

(4) 炸制:锅置旺火上,加入色拉油烧至五成热时将拍好粉的鱼块逐个投入炸至结壳定型捞起,待油温升至七成热时,进行复炸,呈金黄色时捞出沥油。

(5)调味装盘:锅内留底油50克,放入番茄酱翻炒,再加入料酒、白糖、盐,以及少许清水烧沸,加白醋,用湿淀粉勾芡起泡,倒入鱼块,成菜装盘。

拍粉

炸制

勾芡

成菜装盘

⑤ 制作关键

(1)剞十字花刀时要求粗细均匀,深浅一致,深度为鱼肉的五分之四。做到三个一致:刀距一致、深浅一致、块的大小一致。

(2)拍粉要均匀,鱼块经拍粉后要马上炸制,不宜久放,否则花纹或者花瓣长瘤,影响形状。

(3)炸制时油温应掌握好。第一次炸制时五成热(因为是逐个下锅,油温要保持五成热),第二次炸制时七成热。

⑥ 成品特点 形似菊花,色泽红润,外脆里嫩,口味酸甜。

⑦ 代表菜肴 茄汁鱼片、珊瑚里脊、西湖醋鱼。

制 汤

主题知识

一、制汤的概念

制汤常称作煮汤或熬汤,是将制汤原料随清水下入锅中煮制的过程,通过较长时间加热,汤料中所含的营养成分和呈味物质充分析出,溶于汤中,使汤味道鲜美、营养丰富,用作烹制菜肴的鲜味调味液或汤菜的底汤。汤料的营养成分以蛋白质、脂肪为主,汤料所含呈味物质颇为复杂,有谷氨酸、鸟苷酸、肌苷酸、酰胺等40余种,不同物料所含呈味物质的主要成分各不相同,如母鸡含谷氨酸多,猪肉、火腿则含大量的肌苷酸等。

二、制汤溯源

中餐烹饪中的制汤历史悠久。在先秦时期,饮食中的羹即是一种肉汁或菜汁,品种颇多,南北朝时期贾思勰的名著《齐民要术》一书中记载有鸡汁、鹅鸭汁、肉汁等。元朝忽思慧的《饮膳正要》中有多种汤菜,如八儿不汤、鹿头汤、松黄汤、阿菜汤、黄汤等,都是以羊肉为主料制取的。清代的烹饪著作《调鼎集》记载有虾仁汤、神仙汤、九丝汤、鲟鱼汤、蛤蜊鲫鱼汤、玉兰片瑶柱汤等。

三、制汤要点

第一，原料应新鲜，鲜味足。汤料应先焯水并清洗干净，再下入汤锅供煮汤之用。

第二，汤水要一次性加足，中途不得添加。

第三，随着温度的升高，浮沫逐渐出现，约在 95 ℃时，汤面有较多的浮沫，应及时撇除干净。但煮汤过程中物料所析出的浮油不宜随意撇除。

第四，掌握火候，如煮制清汤时用小火或微火加热，以促汤清色正，而制白汤则可采用中等以上的火力。煮制鲜汤需较长时间加热，以便物料中的营养物质和呈味物质析出并溶于汤中。

第五，常用调味料为葱、姜、料酒、盐等，盐不宜过早投放，葱、姜可随主料入锅。料酒于出锅前 1 小时左右加入即可。

四、汤的种类

汤一般可分为毛汤、白汤、浓汤和清汤四种。

典型案例

一、制作清汤——鸡汤

❶ 工艺流程　宰杀整鸡→洗净→改刀→焯水→炖煮→成菜装盘。

❷ 主配料　老母鸡，猪瘦肉，火腿。

❸ 调味料　葱、姜、盐。

❹ 制作步骤

（1）选用老母鸡，开膛除内脏，清洗干净，改刀，焯水。

（2）下入冷水锅中，加入葱、姜，旺火催开，撇去浮沫，后改用小火加热，使汤面保持微沸状炖煮数小时，最后放入盐。

（3）这样制成的汤味鲜美，色清澈。制汤时可酌加猪瘦肉、火腿同煮。以老母鸡制取清汤是传统的制汤方法，采用小火或微火长时间炖煮，品色更佳。

改刀　　　　　　　　　　　焯水

❺ 制作关键

（1）一定要选用老母鸡，成汤才能味鲜汤清。

（2）大火收汤时要不停搅动，避免糊锅。

❻ 成品特点　汤鲜味美，汤色透明，香味独特。

❼ 代表菜肴　虫草花炖鸡汤、松茸乌鸡汤。

清炖鸡汤（制汤）

炖煮

成菜装盘

二、制作浓汤——番茄浓汤

① **主配料**　番茄 2 个,鸭蛋 1 个。

② **调味料**　油,盐,小葱。

③ **制作步骤**

（1）番茄表面划十字口,用开水烫后剥皮（捏住十字口上一角番茄皮往下撕）。切成小块。鸭蛋放碗内打均匀。小葱切小段。

（2）热锅中倒入少量的油,油微热后倒入番茄。用手勺把番茄尽量压碎,越细小越好。

（3）压出汁成末,加入清水熬汁。熬至汤汁烧开,加入少量的盐。再倒入鸭蛋液（沿着汤汁四周倒）。

（4）轻轻移动炒锅,蛋成形后关火。起锅装碗,撒入小葱。

原料

烫番茄

剥皮改刀

煮制

下蛋液

成菜装盘

④ **制作关键**

（1）按压时注意番茄不要煳锅。

（2）也可将清水换成清汤。

⑤ **代表菜肴**　土豆浓汤、玉米浓汤、南瓜浓汤。

| 课堂活动——课程思政模块 |

课堂活动❶

据统计,目前全国革命专题博物馆和纪念馆有 800 多家,与近现代重要革命直接相关事件和人物有关的可移动文物约 49 万件套。我国登记革命旧址、遗址达 33315 处,其中全国重点文物保护单位有 477 处;抗战文物 3000 多处,长征文物 1600 多处。

分小组查阅资料,制作 PPT 展示 3 个红色烹饪资源,并且思考红色烹饪资源的开发和利用,对该旅游资源的开发及保护提出意见和建议。

课堂活动❷

在一期《舌尖上的中国》节目中,平凡的小厨师孙竹青因一碗胶东摔面而火遍全国。他铭记师父传承时的叮嘱:"做一个正直的人,做一碗有良心的面"。他坚持用新鲜的大骨熬汤,但是这么做,并不一定符合人们的口味,也不被人们理解。虽然面的销量不佳,但是他依然坚持不加添加剂。他说宁可亏钱也不亏心。他用自己的坚持让面条有了筋骨,也让自己有了筋骨。

小组讨论:让学生分组讨论孙竹青为什么坚持熬汤?如何用责任心诠释工匠精神?

→ **同步测试**

一、选择题

(1) 软炸虾仁适合用哪种糊?(   )

A. 蛋清糊   B. 蛋黄糊   C. 泡打糊   D. 干粉糊

(2) 酱爆鸡丁适合用哪种浆?(   )

A. 水粉浆   B. 蛋清浆   C. 全蛋浆   D. 苏打浆

(3) 八宝辣酱适合用哪种勾芡法?(   )

A. 翻拌法勾芡   B. 淋推法勾芡   C. 泼浇法勾芡   D. 以上均可

二、填空题

(1) 泡打糊的用料由_____与_____构成。

(2) 浆、糊调制时应_____、_____。

(3) 挂糊又称_____,就是根据菜肴的质量标准,在经过刀工处理的原料表面,适当地挂上一层黏性的糊,经过加热,使制成的菜肴达到_____等效果的烹调方法。

(4) 勾芡就是根据烹调方法及菜肴成品的要求,在主配料_____时,将调好的粉汁淋入锅内,以增加汤汁对主配料_____的烹调方法。

(5) 汤料所含呈味物质颇为复杂,有_____、_____、_____、_____等 40 余种。

三、简答题

(1) 请思考,上浆和挂糊的区别是什么?

(2) 请思考,如何灵活运用勾芡技术?

烹调火候与调味

任务一　火　候

任务描述

　　火的应用使人类开始吃熟食。对可食性原料进行熟化处理是人类历史发展的一个里程碑,进而逐渐形成了烹和调。现代人大量地运用各种热源,使可食性的原料经过人为加工,成为在卫生、色、香、味、形、质、营养等方面俱佳的菜肴。

　　火的运用不仅对原料有消毒杀菌作用,保证菜肴食用安全,还有助于原料的养分分解,利于人体消化和吸收。火的运用不仅能调和原料的滋味,确定菜肴的美味,还能促进菜肴风味的形成,并可改善菜肴的外观形态、色泽,同时使菜肴具有不同的质感。

　　火候在烹调技艺中占有至关重要的地位,因此熟练地掌握并运用火候,是中餐烹调师必备的技能之一。

任务目标

　　1.了解火候的概念、火力的鉴别,掌握火候使用的基本原则。

　　2.能正确鉴别与使用火力,掌握不同加热方式对原料的影响。

　　3.养成良好的工作习惯,遵守操作规程,安全操作,预防受伤,避免厨房内的危险。

任务内容

　　1.火候的概念。

　　2.掌握火候的基本原则。

　　3.火力的鉴别与运用。

　　4.烹制时原料的受热变化。

主题知识

一、火候概述

（一）火候的概念

　　火候是指菜肴在烹制过程中,所用火力的大小、温度的高低、加热时间的长短。菜肴在烹制过程中,由于使用的原料广泛,性能各不相同,质地有老有嫩、有硬有软,形态有大有小、有厚有薄,菜肴在成菜之后,风味质感各异,有的鲜嫩,有的软糯,有的香脆,有的酥松等。这就要求运用各种不同的火力并掌握好加热时间和传热介质的温度,才能使菜肴达到色、香、味、形、质、营养俱佳的要求。

　　在烹制菜肴的过程中,由于烹制方法多样,对火候的要求也是多种多样的。而影响火候变化的因素有很多,火候随着火力的大小、热传递的方式、原料的性状、原料投入的数量、加热时间的长短等方面的不同而有较大的差异。所以,学习看火技术,掌握和运用好火候,是烹调人员必须具备的一项基本功。

(二)火力的鉴别

人们常把利用煤、石油、天然气等作燃料所获得的动力称为火力。火力的大小受炉灶的结构、燃料的性质及气候的冷热所影响。人们习惯将燃料在燃烧时表现的形式,如火焰的高低、色泽,火光的明暗及热辐射的强弱等现象作为依据,鉴别火力的大小。根据火焰的直观特征,可将火力分为微火、小火、中火、猛火四种。

❶ **微火** 微火又称慢火。微火的特征是火焰细小或看不到火焰,呈暗红色,供热微弱,适用于焖、煨等烹调方法和菜肴成品的保温。

❷ **小火** 小火又称文火。小火的特征是火焰细小、晃动、时起时落,呈青绿色或暗黄色,光度暗淡,热辐射较弱,多用于烹制质地老韧的原料或制作软烂质感的菜肴,适用于烧、焖、煨等烹调方法。

❸ **中火** 中火又称文武火,是仅次于猛火的一种火力。中火的特征是火苗较旺,火力小,火焰低而摇晃,呈红白色,光度较亮,热辐射较强,常用于炸、蒸、煮等烹调方法。

❹ **猛火** 猛火又称武火、大火、旺火、烈火等。猛火的特征是火焰高而稳定,呈黄白色,光度明亮,热辐射强烈,热气逼人,多用于炒、熘、爆等烹调方法。

上述四种火力只是通过人的感官对火力的表面现象进行描述而划分的,虽然这种鉴别方式不是十分精确,但只要在长期的实践过程中,不断加以总结,就可以很好地掌握火力的大小,从而熟练运用火候。四种火力在烹调实践活动中往往要根据需要交替或重复使用,并不是一成不变的,应根据菜品的不同要求分别施用。

(三)影响火候的因素

了解影响火候的因素对掌握和运用火候,是十分必要的。影响火候的因素主要有原料性状、传热介质用量、原料投入量、季节变化等。

❶ **原料性状对火候的影响** 原料的性状是指原料的性质和形状。原料的性质包括原料软硬度、疏密度(原料的老嫩)、成熟度、新鲜度等。不同的原料,由于化学成分、组织结构等不同,会造成原料性质上的差异。相同的原料由于生长、养殖(或种植)、收获季节、储藏期限等的不同,也会造成原料性质上的差异。其性质上的差异必然会导致原料在导热性和耐热性上的不同。因此,在满足成菜质量标准的前提下,必须依据原料的性质来选择传热介质和选择火候的要素。如原料的形状,体积的大小,原料块形的薄厚、粗细、长短等。一般在成菜制品要求和原料性质一定时,形体大而厚的原料在加热时所需的热量较多;反之所需热量较少。因此,在制作菜肴时应根据上述因素来调节火候。

❷ **传热介质用量对火候的影响** 传热介质用量与传热介质的比热容有关,从而会对传热介质的温度产生一定的影响。一定种类的传热介质,用量较多时,要使其达到一定温度就必须从热源获取较多的热量,即传热介质的比热容较大时,少量的原料从中吸取热量不会引起温度大幅度变化。反之,热源传输较少的热量就可达到同样高的温度。此时传热介质的比热容较小,温度会随着原料的投入而急剧下降。要维持一定的烹制温度,就必须适当增大热源火力。可见,传热介质用量的多少会影响温度的稳定性。

❸ **原料投入量对火候的影响** 原料投入量对火候的影响,也是影响传热介质温度的因素。一定的原料要制作成菜肴,需要在一定的温度下用适当的时间进行加热。原料投入后会从传热介质中吸取热量,因而导致传热介质温度降低。要保持一定的温度,就必须有足够大的热源火力相配合,否则温度下降时,只有通过延长加热时间来使原料成熟。因此,原料投入量的多少,对传热介质的温度有影响。投入量越多,影响就越大;反之就越小。

❹ **季节变化对火候的影响**　一年四季中冬季、夏季温度差别较大,环境温度一般有几十摄氏度的差异。这必然会影响到菜肴烹制时的火候。冬季气温较低,热源释放的热量中有效能量会有所减少。而夏季气温较高,热源释放的和传热介质载运的热量,较之冬季损耗要少得多。在冬季应适当增强火力,提高传热介质的温度或延长加热时间;在夏季则需要适当减弱火力,降低传热介质温度或缩短加热时间。故在制作菜肴时,应考虑季节变化对火候的影响。

（四）掌握火候的方法及一般原则

所谓掌握火候,就是根据不同的烹调方法和原料成熟状态对总热量的要求,调节、控制好加热温度和加热时间,使其达到最佳状态的技能。由于原料种类繁多、形状各异,加热方法多种多样,要使菜肴达到烹调的要求,就必须在实践中不断地总结经验,掌握其规律,这样才能正确地掌握和运用火候。

❶ **掌握火候的方法**　烹制菜肴过程中的火候千变万化,根据烹制过程中传热介质的不同,依据原料受热后的变化,恰当地掌握调味、勾芡以及出勺的时机,是掌握火候的基本方法。

（1）通过烹制菜肴过程中油温的变化来判定火候。

掌握炒勺内油的温度高低,可以油面状态和原料入油后的反应为依据。行业中将油温分为低油温、中油温、高油温三个油温段。实际操作中一般靠目测的方法来判断油温,将油温按成来划分,具体如下:三四成热,其温度在 90～120 ℃,直观特征为无青烟,油面平静,当浸没原料时,原料周围无明显气泡生成;四五成热,其油温在 120～150 ℃,直观特征为油面无青烟,油面基本平静,浸没原料时原料周围渐渐出现气泡;五六成热,其油温在 150～180 ℃,直观特征为油面有青烟生成,油从四周向中间徐徐翻动,浸炸原料时原料周围出现少量气泡;六七成热,其油温在 180～210 ℃,直观特征为油面有青烟缓缓升起,油从四周向中间翻动,浸炸原料时原料周围出现大量气泡,有急速的哗哗声;七八成热,其油温在 210～240 ℃,直观特征为油面有青烟升起,油从中间往上翻动,用手勺搅动时有响声,浸炸时原料周围出现大量气泡翻滚并伴有爆裂声。其中:三四成热是低油温;五六成热、六七成热是中油温;七八成热是高油温。

（2）通过原料成熟度的鉴别来掌握火候。

火候必然通过炒勺中原料的变化反映出来。如动物性原料是根据其血红素的变化来确定火候的。油温在 60 ℃以下时,肉色几乎无变化;油温在 65～75 ℃时肉呈现粉红色;油温在 75 ℃以上时肉色完全变成灰白色。如猪肉丝入锅烹调后变成灰白色,则可判定其基本断生。

（3）运用翻勺技巧掌握火候。

熟练地运用翻勺技巧对于掌握火候也十分必要,根据菜肴在炒勺中的变化情况,判断翻勺的时机。这样才能使原料受热均匀,使原料均匀入味,使芡汁在菜肴中均匀分布。若出勺不及时则会造成菜肴过火或失饪。

❷ **掌握火候的一般原则**

（1）适应烹调方法的需要。

不同的烹调方法对火候的要求不同,有的需要旺火,有的需要中火,有的需要小火,有的需要先旺火后小火,有的需要先中火后旺火,甚至是多种火力交替使用。例如,"蒸"类菜肴中的"咸烧白"就需要旺火一气呵成;"蒸"花色菜需要中火。再如"烧"类菜肴,先用旺火将汤汁烧沸,再用小火将原料烧入味、烧软,最后用中火收稠汁。因此,火候要适应烹调方法的需要,在烹调过程中灵活掌握。

（2）适应原料种类和质地的需要。

烹制不同种类和质地的原料需用不同的火候,如牛肉、鱼、土豆等,它们的种类与质地都不相同,所需火力的大小和用火时间的长短也不相同。总体来讲,质地细嫩的,应用旺火快速加热,以保持其细嫩;质地坚韧的,应用中火长时间加热,使纤维组织松软疏散,易于咀嚼消化。故掌握火候要因料而施。

（3）适应原料形状、规格和数量的需要。

同一原料，由于形状、规格不同，采用的火候也应不同。体形大、粗长、厚的原料，加热时间应长些，否则不易熟透；反之，刀工处理后形状规格较小的原料加热时间应短，火应旺。原料的数量较多时，须用较多的热量才能使其成熟，因此加热时间需要长一些。

（4）适应菜肴风味特色的要求。

不同的菜肴有各种不同的要求和特色，如炒肝片要求成菜后肝片细嫩；火爆肚头则要求肚头脆爽；咸烧白要求肉质肥糯；干煸牛肉丝要求牛肉丝酥香等。这就需要根据菜肴的不同特点，采用相应的烹调方法，正确掌握烹制时火力的大小、用火时间和传热介质的温度，才能使烹制菜肴的火候恰到好处，以突出其风味特色。

（5）根据原料在加热过程中形体和颜色的变化来掌握火候。

原料在受热成熟的过程中，先从表面开始受热，再逐渐传入内部，同时原料内部受热到一定程度时，又会反映到原料的表面。原料的变化主要反映到原料的形体与颜色上。因此，只要掌握原料形体和颜色的变化规律，就可以掌控它们的成熟度和加热时间的长短。例如，炒猪肝，呈灰白色时刚熟，呈乌红色则老；火爆肚头，呈乳白色时刚熟，呈白灰色则老。制作香酥鸭时，在油炸前要将鸭子蒸软，由于经过长时间加热，鸭体结缔组织中的胶质被破坏，肌纤维分离，肉质柔软，这样鸭体胸部必然会陷落，鸭腿极易离骨，这就是鸭子已蒸软的表面现象。

此外，菜肴在烹制时还可用嘴去鉴别原料质地嫩软脆酥的程度，有的也可以用手掐或用筷子插入，去鉴别生熟。菜肴要达到预期的效果，除掌握火候外，烹调人员的操作方法也很重要。烹制菜肴时原料在锅内必须翻转均匀，使其受热一致，否则，会出现生熟不均、老嫩不均的现象。有些需用急火的菜肴，操作动作慢了也会影响菜肴质量。

如果菜肴是由几种原料组合而成的，还要视其质地，分别按一定的先后次序下锅，才能达到成熟一致。

总之，要把火力的大小、传热的方式、加热的时间、原料的质地和形态以及烹调方法、菜肴风味特色等联系起来，灵活地运用，才能准确地掌握好火候。

二、烹制时的传热方式和媒介

（一）传热方式

烹调过程中，大多采用传热能力强、保温性能优良的厨具。其目的就是更好地进行热传递，把热能通过厨具传给传热介质或直接传给被烹原料，使其成熟。一般来说有三种基本传热方式，即热传导、热对流和热辐射。热传导、热对流均需借助于传热介质实现，而热辐射则是无介质传热。

❶ **热传导**　热传导是由大量分子、原子或电子的相互撞击，使热量从物体温度较高的部分传至温度较低部分的传热方式，是固体和液体传热的主要方式，如盐焗、泥烤、竹筒烤等烹调方法。

❷ **热对流**　以液体或气体的流动来传递热量的传热方式，称热对流。热对流以液体或气体作为传热介质，在循环流动中，将热量传给原料。热对流的原因是分子受热后膨胀，能量较高的分子流动到能量较低的分子处，把部分能量传给能量较低的分子直至能量平衡为止，如蒸、炸、煮等烹调方法。

❸ **热辐射**　热辐射不需要传热介质，是热源直接沿直线方向将热量向四周发散出去，使周围物体受热的传热方式。烹调中热辐射的形式，主要是电磁波。电磁波是辐射能的载体，被原料吸收时，所运载的能量便会转变为热能，对原料进行加热并使之成熟。根据波长的不同，电磁波可分为很多种，在烹制传热过程中主要运用的是红外波段直接致热的热辐射和间接致热的微波辐射。

远红外线属于热辐射射线的范围，热辐射射线一般载有人体能感觉到的热能。远红外线不同于一般的热辐射射线，它不仅载有辐射热能，还具有较强的穿透能力。由于具有穿透能力，远红外线能深入原料内部,它不仅能直接加热原料表面,而且能使原料内部分子吸收能量后发生物理变化、产生热能从而对原料加热(烘烤原料便是利用这一原理,同时也有热对流的作用)。因此远红外线加热具有热效率高、加热速度快的特点。

微波是一种频率较高的电磁波,它所运载的能量人体感觉不到,它不属于热辐射射线,因此不能对原料表面直接加热。微波加热的原理是利用较强的穿透力深入原料内部,并利用其电磁场的快速交替变化,引起原料中水及其他极性分子的振动,使振动的分子之间相互摩擦碰撞而产生热量,进而达到加热的目的。

微波加热的特点是表里同时发热,不需要热传导,具有加热迅速、均匀、无热损失、热效率高等优点,基本保证原料原有的色、香、味、营养不受损失。但其表面不香脆、不易上色,与烘烤效果相比略有不同,若与油炸、烘烤等烹调方法相配合,将相得益彰。

(二)传热媒介

传热媒介又称传热介质,简称热媒。它是烹制过程中将热量传递给原料的物质。在烹调过程中,常使用的传热介质有水、油、气、固体和电磁波(这里把电磁波也当成传热介质)。

❶ **以水作为传热介质**　水是烹调加工中最常用的传热介质,主要以热对流的方式传热。通过热对流把热量传递到原料表面,又由原料表面传递到原料内部,原料在一定的时间内吸收一定的热量,进而完成由生变熟的转化。根据传热介质(水、汤汁)向原料的供热情况,烹调中水传热方式又分为持续供热水传热、短暂供热水传热和一次供热水传热三种方式。以水为传热介质具有以下特点。

(1)沸点低、导热性能好。常压下水的沸点可达 100 ℃,有消毒杀菌的作用。沸水呈不剧烈沸腾状态时,将热量传递给原料的能力最强,热交换多,且由于导热性能好,便于形成均匀的温度场,使原料受热均匀,易使菜肴达到软嫩、酥烂的质感。如运用煮、炖、氽等烹调方法烹制原料,既能使原料达到成菜的标准,又能节省加热的时间。

(2)比热容大、易操作。水的比热容高,导热性能好,因此水可储存大量热量,加热后逐渐释放储存的热量,使原料在温度场中受热均匀。水的溶解能力强,有利于原料的入味和各种原料间滋味的融合,便于掌握色泽,并可保证水溶性营养素充分溶解在汤汁中不受破坏或流失。

(3)化学性质稳定。水的化学成分比较单一,其化学性质稳定且无色、无味,较长时间受热一般不会产生对人体有害的物质,能使原料保持自身的风味特色。

❷ **以油作为传热介质**　以各种食用的植物油或动物油脂作为传热介质的加热方式称油传热方式。与以水作为传热介质的加热方式类似,油传热方式仍依靠传热介质向原料传热,而油本身受热则主要依靠热对流。以油作为传热介质,沸点高,具有疏水性,其特点如下。

(1)沸点高、便于成熟。油脂的沸点较高,可达 300 ℃左右,并具有疏水性。高温的油脂可使原料失去大量水分,使菜肴获得香脆、酥松的口感,且能增香、上色,形成风味菜肴。此外,用油传热还能使原料迅速成熟,缩短加热时间,使一些质地鲜嫩的原料在加热过程中减少水分流失,保持酥脆、软嫩的特色。

(2)适用性广。油的温度变化幅度大,适合于对多种不同质地的原料进行各种程度的加热,还可满足多种烹调方法的需要,使菜肴形成不同的质感。

(3)便于造型及改善菜肴营养。原料通过刀工处理(机械技术处理)后再用油加热,由于蛋白质变性,原料会形状各异,增加菜肴的美感,同时可提高人体对蛋白质的消化吸收率。油本身既是传热介质,也是营养素之一,含有人体必需的脂肪酸、维生素等。油脂还能促进人们对食物中脂溶性维生素的吸收。

(4)可使原料表面上色,产生焦香气味。油脂在高温作用下,可使原料表面发生明显的焦糖化反应和羰氨反应,不仅能呈现出金黄色、淡黄色、棕红色等诱人的色泽,还能形成特有的焦香气味,如香酥鸡、软炸虾仁等炸类菜肴。

❸ **以气作为传热介质**　以气作为传热介质的加热方式有两种，一是用水蒸气传热；二是用干热气体（如空气、烟气）传热。

（1）以水蒸气作为传热介质：水蒸气又分为低压水蒸气、常压水蒸气和高压水蒸气三种类型。

低压水蒸气是在水低温蒸发状态下形成的水蒸气与空气的混合物。低压水蒸气分压较小，温度较低。常压水蒸气是水被加热到常压沸点时形成的水蒸气，此时水蒸气分压等于1个大气压，温度也维持在100℃左右。高压水蒸气则是水在一定压力容器中（如蒸箱、蒸笼、高压锅、较密闭的加热锅）沸点升高后所形成的饱和蒸汽，一般温度在105～125℃。

水蒸气传热是中餐烹调较早使用的一种有效的烹调传热方式。水蒸气的传热主要以热对流的方式进行，在原料表面凝结放热，将热量传输给原料，使其受热成熟。水蒸气传热主要有以下特点。

①水蒸气传热迅速、有效、均匀、稳定。水蒸气本身受热，和水传热一样主要靠热对流方式进行。由于水蒸气在密闭的容器中，吸收的热量较多，因此原料吸收的热量较多，成熟速度较快。

②水蒸气传热保湿、保质、保味、保形。保持原料的适当水分，是水蒸气传热的一大优点。水蒸气传热能很好地保护原料营养素不受破坏或少受损失。水蒸气不具备水的溶解性能，加热过程中，可以保证呈味物质不流失，保持新鲜原料的原汁原味。由于水蒸气传热不对原料产生翻转，有助于保持其形状。

③加热时不能调味。由于水蒸气传热是在密闭环境中进行的，因此加热过程中不能调味。一般采取烹制前或烹制后对原料进行调味的方式。

④卫生清洁。以水蒸气作为传热介质，不会出现油烟污染环境的现象，不易产生有害物质，有利于人体健康，菜肴质感老少皆宜，原料的营养成分也易被人体消化吸收。

（2）以干热气体作为传热介质：以干热气体作为传热介质，一般用于熏、烤等烹调方法。它是使用热源将空气、烟气加热，然后通过热对流，高温气体再对原料实施传热的。它往往与热辐射同时进行，共同完成食物熟化过程。干热气体传热方式除基本具备水蒸气传热均匀、稳定、迅速的优点外，还有以下特点。

①加热气体干燥，可以使被加热原料表皮干燥变脆，形成熏、烤食品的独特风味。

②加热温度高，无温度上限。由于气体比热容很小，易升温，一般又无温度上限，故可形成高温气体，满足高温加热的需要。

③烟气传热可以将特殊呈味物质吸附在原料上，使菜肴成品形成特色风味。

❹ **以固体作为传热介质**　以固体作为传热介质纯粹依靠热传导受热、传热。这种方式原则上要求传热介质传热迅速或比热容较大，无毒、无害，方便易得，能形成某种风味特色。常见的有泥沙传热、石块传热、盐粒传热、竹筒传热等形式，如叫花鸡、盐焗鸡、竹筒烤鸡等菜肴。以上传热方式的共同特点如下。

①受热均匀。一般操作时传热介质（如盐、泥沙）必须不断翻炒或埋没原料，这样才能使原料受热均匀。

②菜肴成品风味独特，原料的香气和滋味不但密封无泄漏，有些还增加了包裹物的特殊香气（如竹筒、荷叶的清香挥发物）。

③选择此种方法烹制原料时，要防止固态性材料（如泥沙）对原料的直接黏附和污染。

④加热时虽然温度原则上无上限，但要控制好热源温度和加热时间。

❺ **以热辐射传热**　无线电波、微波、红外线、可见光波、紫外线等能产生具有不同能量的电磁辐射，也称电磁波。它们波长越短，单位能量越高。烹调时的热辐射主要由红外波段的直接致热的热辐射和间接致热的微波辐射两类辐射组成。其特点如下。

①要求热源有较高温度。

②热辐射传热迅速，无须介质传递。

③清洁卫生,不易发生介质污染。

④对原料具有一定穿透能力。

⑤加热过程中不能调味。

三、烹制时的原料受热变化

掌握火候的目的,是使原料受热后所发生的质变能达到预期的效果。原料在受热以后,由于其性质、形态不同及烹调方法不同,质变的状态也是非常复杂的,一般说来,烹制时原料受热后在以下几种作用下发生变化。

（一）物理分散作用

食物受热后在物理分散作用下所发生的变化,包括吸水、膨胀、分裂和溶解。例如,新鲜的蔬菜和水果细胞中充满了水分,并且在细胞与细胞之间有一种植物胶,粘连着各个细胞,所以在未加热以前,大部分较硬且饱满。加热时,植物胶软化,与水混合成胶液,同时使细胞膜破裂,细胞内所含的某些物质(如矿物质、维生素等)溶于水中,于是原料组织也就变软,汤水内却含有很丰富的矿物质和维生素。

淀粉不溶于冷水,但在温水或沸水中能吸水膨胀。例如,一般的米粉或面粉中含有 12%～14%的水分,但它们的最大吸水量可达 35%左右,在温水或沸水中能继续吸水而膨胀,膨胀的结果使构成淀粉粒的各层(淀粉粒的结构是一层一层的)分离,终至破裂而成糊状,这就是淀粉的糊化现象。

淀粉的糊化温度随淀粉粒的种类不同而异,如芋头等淀粉粒的糊化温度较低,所以容易煮熟,米、面粉中淀粉粒的糊化温度较高,所以加热时间较长。烹调上常将淀粉受热吸水糊化的特性用于菜肴的上粉、勾芡。

（二）水解作用

食物在水中加热,其中很多成分会发生水解,如淀粉会水解为糊精和糖类,故成熟后带有甜味;蛋白质会水解而产生各种氨基酸,故成熟后的肉带有鲜味;肉类中的胶质会水解为动物胶,故冷却后呈凝胶状。

在水解过程中,组成结缔组织胶质的蛋白质纤维束分离,而使汤水中含有很多蛋白质,并且肉呈柔软酥烂状态。分子结构比较简单的动物胶,有较大的亲水力,在继续加热中又吸收多量的水分而溶于汤汁中,所以汤汁冷却后可形成胶冻。

（三）凝固作用

蛋白质的种类很多,许多蛋白质是水溶性的,多数水溶性蛋白质受热后即逐渐变性凝固。例如,鸡蛋中蛋白质受热后便凝成硬块;血红蛋白也是一种水溶性蛋白质,加热到 85 ℃左右便凝成块状,凝固的程度随加热时间的延长而增加,所以煮蛋(蒸蛋)或鸡血汤、鸭血汤、猪血汤时,加热时间应避免过长,否则食品会变硬,不仅鲜味减少,也不利于消化。蛋白质胶体溶液在有电解质存在时,凝结更加迅速。例如,豆浆中加入石膏或盐卤等物质后即可凝结成豆腐。因为食盐是电解质,所以在煮豆或需要汤汁浓白的菜时,均不可加盐太早。加盐太早,会使原料中的蛋白质凝结过早,水分便不易渗透进豆制品和肉的内部中去,不易使它们吸水膨胀、组织破坏,因此也就不易酥烂。制浓汤时,若原料中蛋白质凝结过早,则蛋白质不能溶于汤中和使汤汁浓白。当然,电解质对各种原料中蛋白质的影响是不同的,所以放盐的早迟,应根据菜肴的具体情况决定。

（四）酯化作用

脂肪与水一同加热时,一部分即水解为脂肪酸和甘油,如再加入料酒、醋等调味料,即能与脂肪酸合成为有芳香气味的酯类。这种作用称为酯化反应。酯类比脂肪容易挥发,并具有芳香气味。鱼、肉等原料在烹调时加料酒后即有香味透出,就是这个道理。

（五）氧化作用

多种维生素在加热时或与空气接触时均易发生氧化作用而被破坏。各种维生素在碱性溶液或含有铜盐的溶液中加热时，更容易迅速氧化，特别是维生素 C，最易被氧化破坏，其次是维生素 B_1、维生素 B_2，也较容易被破坏。但它们在酸性溶液中却比较稳定。所以含维生素 C 较多的蔬菜在烹调时应尽量避免与空气接触，加热的时间要短，并尽量不投放碱或苏打，不宜用铜锅铜铲。

（六）其他作用

原料在烹制过程中，除了发生以上的各种变化外，还会发生其他变化。例如，淀粉和糖在很高的温度下，可发生碳化而变黄或变成焦黑色。虾、蟹加热以后，外壳的颜色通常由青黄色变成鲜红色，这是虾、蟹外壳所含的虾青素受热色变所致。

 典型案例

一、火候掌握——挂霜花生

挂霜花生

❶ **工艺流程**　原料准备→炸花生仁→熬制糖浆→拌匀→装盘。

❷ **主配料**　花生仁 150 克，白糖 50 克，淀粉 20 克，水 50 毫升。

❸ **制作步骤**

（1）将花生仁放入油锅内，用小火将其炸至金黄色，取出晾凉。

（2）净锅内倒入水与白糖，待白糖溶化后转小火，熬至糖浆出现很多泡泡、用锅铲沾少许糖浆能将其挂住牵出丝来即可。

（3）倒入先前炒好的花生仁，一边用锅铲快速地翻动，一边用漏勺筛入淀粉，待锅内的糖浆凝固、花生仁表面挂上白霜后即可出锅，待其冷却变酥脆后即可食用。

❹ **制作关键**

（1）挂霜前对主料进行初步熟处理。其方法主要是通过炒、炸、烤等，使原料口感达到酥香、酥脆或外酥里嫩或外酥内糯，配合糖霜的质感，菜肴才有独特的风味。若通过油炸成熟，则必须吸去原料表面的油脂，以免挂不住糖霜。

（2）熬糖时，最好不要使用铁锅，要选用搪瓷锅、不锈钢锅等，以避免影响糖霜的色泽。

（3）熬糖时，白糖和水的比例要掌握好，一般为 3∶1，不要盲目多加水，原则是蔗糖能溶于水即可。另外，要保证溶液的纯度，不要添加蜂蜜、饴糖等其他物质，否则会降低蔗糖的结晶性，影响挂霜效果。

（4）熬糖时，火力要小而集中，火焰覆盖的范围最好小于糖液的液面，使糖液由锅中部向锅四周沸腾，否则，锅边的糖液易焦化变成黄褐色，从而影响糖霜的色泽。

（5）鉴别糖液是否熬至挂霜程度，一般有两种方法。一是看气泡，糖液在加热过程中，经手勺不停地搅动，不断地产生气泡，水分随之蒸发，待糖液浓稠至小泡套大泡同时向上冒起、蒸汽很少时，正是挂霜的好时机。二是当糖液熬至浓稠时，用手勺或筷子沾起糖液使之下滴，若呈连绵透明的固态片、丝状，即到了挂霜的时机。熬糖必须恰到好处，如果火候不到，难以结晶成霜，如果火候太过，一种情况是糖液会提前结晶，俗称"返砂"，另一种情况是熬过了饱和溶液状态，蔗糖进入熔融状态（此时蔗糖不会结晶，将进入拔丝状态），都达不到挂霜的效果，甚至挂霜失败。

（6）当糖液熬至挂霜程度时，炒锅应立即离火，倒入主料，用铲迅速炒拌，使糖液快速降温，结晶

挂霜花生

Note

成糖霜。炒拌时要尽可能使主料散开,糖液裹附均匀。如果蔗糖结晶而原料粘连,应立即将原料分开。

二、用水传热——鱼头炖豆腐

❶ **工艺流程** 原料准备→加工切配→油煎鱼头→添汤调味→加入豆腐炖制(中、小火)→装盘。

❷ **主配料** 胖头鱼鱼头 1 个(500 克左右),豆腐 200 克,香葱 2 棵,生姜 1 小块,淀粉适量。

❸ **调味料** 食用油 30 克,酱油 2 小匙,料酒 1/2 大匙,胡椒粉 1 小匙,盐 1 小匙,白糖 1 小匙,味精 1 小匙等。

❹ **制作步骤**

(1)将胖头鱼鱼头收拾干净,从中间切开;香葱、生姜洗净切片;豆腐切块。

(2)锅内放底油,烧热,放入胖头鱼鱼头油煎;烹入料酒,加入适量水,放入酱油、白糖、盐、味精和胡椒粉。

(3)汤烧开后,将豆腐下锅,小火慢炖,待烧透后,用水淀粉勾芡后装盘即可。

原料

油煎

成品摆盘

鱼头炖豆腐

❺ **制作关键**

(1)鱼头越大越好。

(2)鱼头必须要用油煎(不能用油炸),否则不能煮出像牛奶一样白的汤。

(3)煮鱼时尽量少翻动,因为鱼汤越翻越腥。

(4)味精在做荤腥菜时有提味功效,应少放为宜。

三、用油传热——拔丝番薯

❶ **工艺流程** 原料准备→刀工处理→拍粉→炸制→熬糖汁→拔丝成菜。

❷ **主配料** 红薯 250 克、白砂糖 100 克、色拉油 500 克(约耗 50 克)等。

❸ **制作步骤**

(1)红薯去皮,洗净,切成边长 3 厘米的菱形块拍粉。

(2)锅置旺火上,油烧至六成热时,放入红薯块慢慢炸制。

(3)炸至红薯块充分成熟、外表微黄时捞出。

(4)锅内留少量油,加入白砂糖,加少许水不断翻炒。

(5)小火炒至白砂糖开始慢慢溶化。

(6)全部溶化时,色浅且有大的泡泡,注意火候,不要温度太高。

拔丝番薯

拔丝番薯

(7)此时白砂糖已经呈金黄色,气泡也开始变小。

(8)白砂糖开始变得黏稠有些力度,气泡有的地方变没了,此时要注意,温度千万不能高,否则就会变苦成焦糖。

(9)迅速放入炸好的红薯块。

（10）放入红薯块后迅速翻炒均匀即可出盘。

④ 制作关键

（1）刀工处理后要防止原料褐变。

（2）原料入油锅炸熟至外表酥脆，捞出沥干油分（使糖汁的黏性更强），随即放入熬好的糖汁中粘糖拔丝。

（3）原料复炸要与熬糖同步进行，保持原料温度，增强粘糖效果，保证拔丝菜肴的质感特色。

（4）熬糖时欠火或过火均不易出丝，故应防止翻炒和熬煳；原料放入糖浆中翻动裹匀后及时起锅入盘，增强拔丝效果。

（5）装盘时应在盛器表面抹上一层油脂或撒上白糖，以防止粘盘。

（6）成菜后立即上桌食用，通过凉开水降温，才能保证香脆质感。

葱油鱼

四、用汽传热——葱油鱼

① 工艺流程 原料准备→处理干净→腌制入味→蒸制→热油浇淋→成菜装盘。

② 主配料 罗非鱼1条，葱5根，姜1块，青（红）辣椒3个。

③ 调味料 料酒、盐、酱油、花椒、食用油适量。

④ 制作步骤

（1）将罗非鱼处理洗净后用刀在鱼身两侧肉厚处，每隔3厘米剖一刀，深度为1毫米，撒适量的盐涂抹均匀，加入葱段、姜片，加料酒腌制30分钟。

（2）将腌制后的罗非鱼装入盘中，罗非鱼身上斜摆放姜片及葱段，然后放在蒸箱中用大火蒸7～8分钟。

（3）取出后去掉姜片及葱段，然后在罗非鱼身上铺匀葱丝、姜丝、青红辣椒丝。

葱油鱼

（4）锅中放食用油加热，加入花椒煸出香味趁热均匀浇在鱼身上即可。

⑤ 制作关键

（1）蒸鱼前一定要将鱼腌制入味。

（2）食用油一定要慢慢倒入，分次倒，鱼受热均匀才会全熟，倒油的时候，要轻轻拨散鱼片。

→ 同步测试

一、单项选择题

（1）火焰低而摇晃，呈红色，光度较暗，热气较大的描述是指（　　）。

A. 猛火　　　　　　　B. 中火　　　　　　　C. 小火　　　　　　　D. 微火

（2）（　　）作为传热介质可使原料表面或内部迅速脱水，令菜肴能够达到酥脆的效果。

A. 水　　　　　　　　B. 油　　　　　　　　C. 蒸汽　　　　　　　D. 热空气

（3）烹制质老形大的原料需用（　　）。

A. 大火、长时间加热　　B. 小火、长时间加热　　C. 大火、短时间加热　　D. 以上均可

（4）烹制质嫩形小的原料需用（　　）。

A. 大火、长时间加热　　B. 小火、长时间加热　　C. 旺火、短时间加热　　D. 以上均可

（5）采用炒、爆的烹调方法制作的菜肴需用（　　）。

A. 旺火速成　　　　　B. 小火、长时间加热　　C. 小火、长时间加热　　D. 以上均可

二、判断题

（1）油温三四成热，其温度在90～120 ℃，直观特征为油面无青烟，油面基本平静，浸没原料时

原料周围渐渐出现气泡。(　　　)

(2)采用氽、烩的烹调方法制作菜肴时,需用旺火或中火、短时间加热。(　　　)

(3)猪肉丝入锅烹调后变成灰白色,则可判断其基本断生。(　　　)

(4)火候对菜肴成品的色泽和形态影响不大。(　　　)

(5)不同的炉灶、不同的燃料所产生的火力大小是不同的。(　　　)

三、填空题

(1)火力是指各种能源经_____或化学转变为_____的程度。

(2)根据火焰的直观特征,可将火力分为微火、小火、中火、_____四种情况。

(3)火候是指烹制过程中,将原料加工或制成菜肴,所需_____的高低、_____的长短和热源火力的大小。

(4)热源的火力、_____的温度和加热_____是构成火候的三个要素。

任务二　调　　味

任务描述

菜肴的风味各异,食客的饮食嗜好千差万别,正所谓"众口难调"。调味用品五花八门,调味方法效果各异,这些都是影响调味的因素。在调味过程中,如何把握好这些因素及相互之间的关系,使菜肴滋味达到最令人满意的状态,就需要厨师懂得遵循调味的要求、调味的原则,并采用适当的调味方式。

任务目标

1.理解味觉和味的分类。理解调味的原则和流程。

2.能运用调味的手段和方法。能辨别调味的种类和味型。

3.注重健康饮食和绿色烹饪意识的培养。

任务内容

1.味觉的分类及影响味觉的因素。

2.常见的基本味和复合味味型。

3.调味的要求、原则、方式。

主题知识

一、味觉和味

调味就是运用各种呈味调味料和有效的调制手段,使调味料之间与主配料之间相互作用,协调配合,从而赋予菜肴一种新的滋味的方法。调味是调制的核心,是评价菜肴质量优劣的重要标准之一,它直接关系到菜肴风味的好坏。

(一)味觉及其分类

人们在进食食物时由舌头感受并产生出感觉,这种感觉就是人们通常所说的味觉。味觉是由化学呈味物质刺激人的味觉器官舌头而产生的一种生理现象。味觉的分类如下。

❶ 化学味觉 味觉的产生是从舌头上的味蕾开始的,即当食物中化学呈味物质刺激了舌头上的味蕾,通过生物传输,大脑便产生了味的感觉,同时会产生情绪上的变化,如果味道好,就有愉悦感,如果味道不好,就有不快感。这种由化学呈味物质通过味蕾所产生的味觉称为化学味觉。

❷ 物理味觉 物理味觉是指人在咀嚼食物时由食物的非化学呈味物质刺激口腔所产生的感觉。这种感觉包括两大方面:一是质感,即由食物的组织结构引起的感觉,如软硬、松实、老嫩、爽糯、脆韧、滑涩、稀稠、酥柔等;二是温感,即由食物的温度引起的感觉,如烫、热、暖、凉、冷、冻等。物理味觉通常也称为口感,是菜品质量品评标准内容之一。

❸ 心理味觉 当人们面对一盘造型凌乱、色泽暗淡、刀工粗糙的菜品时常常会产生一种不舒服感。不管这盘菜实际的味道好不好,人们都会觉得它不好吃。相反,如果一盘菜肴色泽明亮、成芡均匀、造型整齐、热气腾腾,虽然味道稍逊,但仍然会激起人们的食欲。

(二)影响味觉的因素

❶ 温度 温度对味觉有一定的影响。一般 10～40 ℃是味觉感受的适宜温度范围。其中以 30 ℃左右时味觉感受最为敏感。不同的菜肴对温度的要求不同,热菜的最佳食用温度为 60～65 ℃,而凉菜最好在 10 ℃左右。因此,给凉菜调味应比 30 ℃左右的最适滋味略为加重一些。此外,四季温度的变化对人的味觉也有影响,季节的不同会造成人们味觉感受上的差异。一般来说,在炎热的夏季,人们多喜欢口味清淡的菜肴;在寒冷的冬季,人们则多喜欢口味浓厚的菜肴。

❷ 浓度 呈味物质的浓度对人们味觉感受的影响也很大。呈味物质的浓度越大,人们对味觉的感受就越强;反之味感就越弱。例如,盐的含量在 0.06％以下、蔗糖的含量在 1.1％以下时,人们一般感觉不到咸味和甜味的存在。咸味最佳的感受范围是盐的含量在 0.8％～2.0％范围之间。不同类型的菜肴,对呈味物质最适浓度的要求略有不同。如盐在汤菜中的浓度以 0.8％～1.2％为宜;在烧、焖等菜肴中的浓度以 1.5％～2.0％为宜。这就要求在调味时,一定要根据菜肴的成菜标准来掌握各种呈味物质的浓度。

❸ 水溶性和溶解度 味觉的感受程度与呈味物质的水溶性和溶解度有着直接关系。味蕾只能感受溶解于水中的呈味物质。绝对干燥的环境和不能溶于水的物质,是不能使味蕾产生味觉的。呈味物质只有溶于水成为水溶液后,才能够刺激味蕾产生味觉。呈味物质溶解速度的快慢直接影响到味觉的形成,溶解速度越快,产生味觉的速度也就越快;反之就越慢。如盐、糖,溶解速度较快,无论用它们调制热菜还是凉菜,人们都会很快感受到盐的咸味、糖的甜味。

❹ 生理条件 引起人们味觉感受强度变化的生理条件主要有年龄、性别及某些特殊生理状况等。一般来说,年龄越小,味觉感受就越灵敏。随着年龄的增长,味觉感受会逐渐衰退。儿童对苦味最敏感,老年人则比较迟钝。性别不同,对味的分辨能力也有一定的差异,一般女性分辨各种味道的能力(除咸味以外),强于男性。味觉受个人味觉敏感程度的影响,因人而异。味觉还受味蕾健康状况的影响。人生病时口中无味。当人饥饿时,味觉感受极为灵敏,故倍感所食菜品味美可口,而饱食后则味觉感受比较迟钝。

❺ 个人嗜好 不同的饮食习惯会导致嗜好不同,从而造成人们味觉的差异。人们所处地域、气候、个人嗜好的不同,造成味觉感受的不同。在特定环境中长期生活的人们,由于经常接受某一种过重滋味的刺激,便会逐渐养成特定的口味习惯,形成味觉的永久适应。但人们的嗜好也可以随着生活习惯、生活方式的改变而发生变化。

❻ 各种味觉之间的相互影响

(1)味的对比现象:味的对比现象(也称味的突出现象)就是指两种或两种以上的呈味物质,以适当的浓度调配在一起,使味觉更为协调可口的现象。如在制作甜酸味型菜肴时,调味汁中适量加入盐,可使甜味的味感增强,从而使菜肴口味甜酸适口。制汤时要使汤汁鲜醇,也需加入适量盐,以增加鲜味的味感程度。这种味的对比现象在实际生活中已得到了广泛的应用。

（2）味的消杀现象：味的消杀现象（也称味的掩盖现象）就是指两种或两种以上的呈味物质，以适当浓度混合后，使每种味觉都减弱的现象。如烹制水产品、家畜内脏等有腥臊异味的原料时，所使用调味料的数量相对加大，以去除或减少原料中的异味。此外，当菜肴出现咸味过重时，酌加糖可减缓咸味带来的不良味道。

（3）味的相乘现象：味的相乘现象（也称味的相加现象）就是指两种相同味感的呈味物质共同使用时，其味感增强的现象。如在制作清汤时适量加入味精，可使汤汁鲜味的味感增强。

（4）味的变调现象：味的变调现象（也称味的转化现象）就是指将多种不同味感的呈味物质混合使用，导致各种呈味物质的本味均发生转变的现象。如人们在食用味道较浓的菜品后，再食用味道较清淡的菜品，则感觉菜品原料本身无味。所以在制订宴席菜单时，应考虑合理安排上菜的顺序，以适应进餐者口味的需求。一般宴席上菜时对口味的要求如下：先上味道清淡的菜肴，后上味道浓厚的菜肴；先上咸味的菜肴，后上甜味的菜肴。避免味道的相互转换而影响人们对菜肴的品尝。

（三）味及其分类

味是指物质所具有的，能使人得到某种味觉的特性，概括起来分两大类，即基本味和复合味。

❶ **基本味**　这里所说的基本味是相对于复合味而言的，主要包括以下一些味。

（1）咸味。咸味是调味中的主味。大部分菜肴要先一些咸味，然后再调和其他的味道。例如，糖醋类菜肴是酸甜口味，但也要先放一些盐。如果不加盐，完全用糖和醋来调味，则很难吃。做甜点心时，往往也要先加一点盐，既解腻又好吃。呈咸味的调味料主要有精盐、粗盐。

（2）甜味。甜味在调味中的作用仅次于咸味。它也是菜肴中一种主要的滋味。甜味可增加菜肴的鲜味，并有特殊的调和滋味的作用，如缓和辣味的刺激感、增加咸味的鲜醇等。呈甜味的调味料有各种糖类，如白糖、蜂蜜、冰糖等。

（3）酸味。酸味在调味中也很重要，是很多菜肴所不可缺少的味道。由于酸具有较强的去腥解腻作用，所以烹制禽、畜的内脏和各种水产品时尤为必要，呈酸味的调味料主要有红醋、白醋、黑醋、酸梅等。

（4）辣味。严格地说，辣是感觉器官受到辛辣物质刺激后所产生的灼痛感，辣与其他味觉的性质是不同的，其具有强烈的刺激性和独特的芳香，除可去腥解腻外，还具有增进食欲、促消化的作用。呈辣味的调味料有辣椒及其制品，如辣椒糊（酱）、辣椒粉、辣椒油等，还有胡椒粉及姜、芥末等。

（5）苦味。苦味是一种特殊的味道，具有消除异味的作用，在菜肴中略微调和一些带有苦味的调味料，可形成清香爽口的特殊风味。苦味主要来自各种药物，如杏仁、柚皮、陈皮等。

（6）鲜味。鲜味可使菜肴鲜美可口，其来源主要是原料本身所含有的氨基酸等物质。呈鲜味的调味料主要是各类调鲜制品，如味精、鸡精、鱼露等，以及含鲜成分高的天然原料及制品如虾子、蟹黄、高汤等。

（7）香味。应用在调味中的香味是复杂多样的，其可使菜肴具有芳香气味，刺激食欲，还可去腥解腻。可形成香味的调味料有酒、葱、蒜、香菜、桂皮、花椒、大茴香、芝麻油、桂花、香精等。

❷ **复合味**　复合味，也叫混合味，是由两种或几种基本味变化而来的。类型众多，常用的复合味主要包括以下几种。

（1）酸甜味：又称糖醋味，由咸味、甜味、酸味和香味混合而成。主要调味汁或调味料有糖醋汁、番茄沙司、番茄汁、山楂酱等。

（2）甜咸味：由咸味、甜味、鲜味、香味调和而成。甜中有咸，咸中有鲜，如甜面酱等。

（3）鲜咸味：由咸味和鲜味组成。调味料有酱油、虾油露、鱼露、虾酱、豆豉等。

（4）辣咸味：由辣味、咸味、鲜味和香味组成。调味料有辣酱油、辣油、豆瓣辣酱等。

（5）香辣味：由香味、辣味、咸味、甜味调和而成。调味料有咖喱粉、咖喱油、芥末粉、芥末糊。

（6）香咸味：由香味、咸味、鲜味组成。调味料有花椒盐、葱椒盐等。

（7）麻辣味：主要由麻味、辣味组成。调味料有麻辣酱、麻辣汁等。

复合味味型变化范围很大，我国各地不同区域都有各自特色鲜明的复合味代表，如川菜的麻辣、苏菜的清鲜、上海菜的甜咸等。

二、调味的要求

（一）下料必须恰当、适时

每种菜肴都有它的特定口味，这种口味是通过不同的烹调方法、调味手段确定的。因此，在调味时所用的调味料种类和数量必须恰当、准确。尤其是复合味的菜肴，必须分清味的主次，要恰到好处地投放各种调味料。例如，有的菜是甜酸口味的，甜味就应略大于酸味；要是酸甜口味的，则酸味应略大于甜味；有的菜是甜辣咸香口味，则应以甜味为主，辣味次之，咸味再次之。适时，就是按着一定的程序准确无误地进行调味，例如，同一种调味料，有的菜在烹制中先加入，有的菜在烹制后加入等，总之，要按照最佳的时间进行。

（二）根据原料的不同性质掌握好调味

新鲜原料滋味鲜美，调味不宜过重，以便突出原料的本味。如果原料本身已不新鲜，调味就应稍重一些，以便除掉原料的不良气味。一些腥膻味较重的原料，如鱼、虾、牛羊肉、脏腑类等，调味时要适量加一些去腥解膻的调味料，如糖、醋、料酒、花椒、八角、葱、姜等。一些淡而无味的原料，如海参、燕窝、木耳、豆腐、粉条等，要适量增加调味料，有的必须加入鲜汤以补充其鲜味。

（三）根据季节变化和不同口味要求进行调味

人们的口味要求随着季节的变化而有所差异。例如，冬季气候寒冷，人们多喜欢浓厚偏咸的口味；夏季气候炎热，人们多喜欢酸辣爽口、清淡的口味。我国地域辽阔，各地饮食习惯与口味爱好均有不同，因此，就要根据季节变化和就餐者不同的口味特点来调和菜肴的口味。

（四）地方风味菜肴要严格按照规格调味

我国各地的烹调技艺经过长期的发展，已形成了很多各具特色的地方风味菜肴，在烹调这类菜肴时，必须按照特定的规格进行调味，以保持地方风味特色。按照一定规格调味的同时，也要在保持风味特色的前提下进行必要的创新。

三、调味的原则

调味要遵循"有味使之出、无味使之入"的基本原则，同时，要考虑不同区域人们的口味特点、不同人群的口味变化以及季节变化，原料、调味料的不同性质等方面的因素，采取有针对性的调味方法，才能确保调味的准确性。

（一）适时而调

一年四季，春夏秋冬季节的变化相应也会给人的感觉带来某种变化。在饮食上，人们的口味在不同的季节有不同的偏好，春宜清鲜，夏宜淡爽，秋宜浓烈，冬宜肥厚，应根据季节的变化而在味型上做适当的调整。

（二）因人而调

人因受地域、职业、习俗等的影响而对味道有一定的指向性，烹调时应根据不同的进食对象，选择适当的味型，投其所好。

（三）因材施味

原料具有各自的特性，在烹调加工过程中，对烹制、调味均具有一定的适应性。在调味中应尽量贯彻"本味"原则，力求体现原料原有的滋味；贯彻"相宜"原则，使原料之味与调味料之味相得益彰。

（四）熟悉调味料

调味料的品种很多,不同的调味料有不同的味道及不同的使用方法、使用特点。熟悉这些方法和特点是调味成功的关键。食物滋味的变化是无止境的,要勇于创新。

（五）准确投料

调味都是以一定的味型进行的。各种味型在调味料品种、数量、用料次序上都有一定的规矩,准确投料即根据菜肴制作和味型的要求,严格按照一定的投料程序、投料数量、投料方法进行。

四、调味的方式

调味的方式多种多样,如果从工艺总体来看,调味方式有拌味、腌味、滚煨、烹制加味、淋芡、淋汁、封汁、跟调味料等,如果从菜肴的制作来看,可从菜肴烹制的调味属性和菜肴烹制过程中调味的时机来归纳调味的方式。菜肴烹制的调味属性分一次性调味和多次性调味两种。菜肴烹制过程中则有加热前调味、加热中调味和加热后调味三种方式。

（一）按调味工艺划分

❶ **拌味** 拌味就是在非加热状态下把调味料加入菜肴原料中拌匀的工艺,菜肴原料可以是待烹原料,如鱼片;也可以是成品原料,如凉拌菜原料和焯菜原料。

❷ **腌味** 腌味是一项有目的地把调味料、食品添加剂、淀粉、清水等按需要加进待腌制原料中拌匀,放置一段时间,以改善原料特性的工艺。

❸ **滚煨** 用有味的汤水来加热原料的工艺称煨。汤水的味道通常是咸味、鲜味、姜葱味、酒味等。煨主要用于使原料增加肉味和香气,同时去除或掩盖原料的异味。原料煨前一般应先经清水滚,故此工艺称滚煨。

❹ **烹制加味** 烹制加味就是指在烹制过程中加入调味料,增加锅内滋味浓度,使原料边成熟边入味的工艺。烹制加味是一种普遍使用的工艺,在肉料的焖烧烹制中用得尤其多。

❺ **淋芡** 把有味的芡淋在碟中熟料上的工艺叫淋芡。这些芡通常是特殊味汁芡和原汁芡,如金华玉树鸡、荔浦扣肉、瑶柱扒瓜脯等菜肴中的芡。芡中有时也会混有一些副料,如蟹肉扒鲜菇等。

❻ **淋汁** 淋汁工艺就是把味汁直接淋于成熟的菜料上,如蒸熟的鱼淋上蒸鱼豉油。

❼ **封汁** 封汁是指煎炸的原料成熟后放在锅内,边加热边调入味汁翻匀的工艺。封汁既能使成品入味,又能保持成品的焦香风味。

❽ **跟调味料** 调味料是味芡或味汁,它用味碟盛放,跟主料一起上桌,由食用者自行蘸加调味,如脆皮炸鸡跟糖醋芡汁等。

（二）按调味属性划分

❶ **一次性调味** 一道菜肴的调味,只需调一次即可完成的称为一次性调味,如蒸排骨、炒滑蛋、煲汤等。这种方法的调味可在加热前、加热中或加热后进行,可用于热菜,也可用于凉菜,一般用于制作较为简单的菜品。

❷ **多次性调味** 一道菜肴的调味,需要调两次或两次以上才可完成的便称为多次性调味。

（三）按调味时机划分

❶ **加热前调味** 加热前调味称为基本调味,其目的是使原料具有一种基本的味道,并借以除去原料中的某些不良之味,或是使原料的质地发生利于加工的变化。正式烹调前的调味一般是相对菜肴的主料而言的。通常是把适量的盐、酱油、酒、味精等调味料拌入原料腌渍一下,使其具有基本的味道。这种方式可调节烹制过程中的加工工序,有利于控制原料的成熟度。正式烹调前的调味亦用于一些加热过程中不能或不便进行调味的菜肴,如蒸制菜等。

❷ **加热中调味** 加热中调味又称决定性调味,即菜肴在烹制过程中所进行的调味,通常是菜肴

定型调味。每种菜肴都有一定的"味"的特点。这些特点的最终形成,一般是在烹制时的调味过程中实现的。烹制中调味应根据具体的制作要求适时、适量、有序地加入调味料,以最后确定滋味。

③ 加热后调味　加热后调味亦称辅助性调味,有些冷菜虽在烹制前、烹制中进行了调味,但由于种种原因还不能达到应有的质量标准,有的菜肴在烹制前、烹制中均不宜调味,需要靠烹制后调味来解决。

加热后调味的一般方法是在菜肴烹制成熟后,撒(浇、拌)上某些调味料,或是将调味料装入调味碟中随菜上席蘸食。

→ 典型案例

一、加热前调味——炸黄花鱼(小)

① **工艺流程**　原料准备→刀工成形→码味、挂糊→炸制→装盘成菜。

② **主配料**　小黄花鱼2条、蛋黄1个、香葱5根、生姜1块。

③ **调味料**　盐、料酒、色拉油、淀粉适量等。

④ **制作步骤**

（1）小黄花鱼清洗后处理干净,放入料酒、盐、葱段、姜片抓拌均匀,腌制1小时。

（2）打入蛋黄,撒上淀粉,将腌制好的小黄花鱼逐个均匀包裹待用。

（3）锅内放油,油热放入小黄花鱼,炸至定型捞出,待油温再次升高复炸一遍,这样炸出的鱼会更加酥脆。

炸黄花鱼

⑤ **制作关键**

（1）干炸的原料必须在加热前进行调味即原料码味,腌制时间要足,码味要均匀,成菜后味感才符合要求。

（2）根据原料的不同形态,控制好油温和油炸时间。第一次油炸,油温低,时间长;第二次复炸,时间短,油温较高。复炸用高油温,炸至原料表面达到菜肴要求的质感和颜色即可。

二、加热中调味——红烧鱼块

① **工艺流程**　原料准备→切配→腌制→过油→定色调味→烧制→收汁→装盘成菜。

② **主配料**　草鱼尾1条、香菇2个、香葱5根、生姜1块、青椒1个、生粉适量。

③ **调味料**　盐、糖、胡椒粉、生抽、老抽、蚝油、料酒。

④ **制作步骤**

（1）草鱼尾处理干净后切块,加料酒、香葱、生姜调味腌制半小时以上。

（2）腌制好的鱼块加生粉拌匀。

（3）起锅烧油,待油温七成热后加入鱼块煎炸。

（4）待鱼块煎炸至金黄色后捞出备用。

（5）另起锅烧油少许,葱姜爆香后加适量水。

（6）盐、糖、胡椒粉、生抽、老抽、蚝油调成料汁加入锅中。

（7）放入煎炸好的鱼块进行烧制。

（8）加入青椒、香菇翻炒后进行勾芡收汁。

煎炸

红烧鱼块

（9）放入葱段翻炒后淋入少许明油出锅。

❺ 制作关键

（1）烧制时忌用大火猛烧，防止粘锅、焦锅现象。

（2）切忌中途加入冷水（汤）。

（3）为了保证烧制菜肴的质量，半成品加工与烧制时间相隔不宜过长，以免影响菜肴的色、香、味、形等效果。

（4）把好收汁关，芡汁浓度不宜过稠，以既能挂住主料又呈流溅状态分布为宜。

三、加热后调味——土豆松

❶ 工艺流程　原料准备→改刀→浸泡→沥干→炸制→调味→成菜装盘。

❷ 主配料　脆土豆 500 克，色拉油 1 千克（实耗约 60 克）。

❸ 调味料　花椒盐 5 克，味精 2 克。

❹ 制作步骤

（1）改刀：脆土豆去皮后切成 1 毫米粗的细丝。

（2）浸泡：把土豆丝放入清水中浸泡，泡去淀粉，泡的时候加适量白醋效果更好，至少要泡 10 分钟。

（3）沥干：泡好的土豆丝冲洗干净后沥水待用，一定要将土豆丝表面的水沥干（也可以用厨房用纸吸干），防止入锅后溅油。

（4）炸制：起油锅，烧至油温达三四成热的时候，下入土豆丝炸至金黄色即可出锅。

土豆松

（5）调味：将花椒盐和味精趁热撒在土豆丝上拌匀。

（6）装盘：堆码成宝塔形。

❺ 制作关键

（1）做土豆松最好是选用比较脆的土豆，较粉的土豆炸出来效果不佳；用脆的土豆做土豆松，也必须尽量把淀粉泡出来，否则炸的时候容易互相粘连和粘锅。

（2）一次不要下入太多的土豆丝，500 克土豆丝要分成 3～4 次下锅，下锅后要边炸边用筷子拨散。炸的过程中一定盯紧锅里，很可能上一秒还没有炸好，下一秒就炸过了。

（3）土豆丝要粗细均匀，粗度最好不要超过火柴梗。

（4）炸好的土豆松可以有多种调味方法，可以撒白糖做成甜的，也可以撒椒盐粉、辣椒粉等。

四、综合调味——酸菜鱼

❶ 工艺流程　原料准备→鱼分档→腌制→熬制奶白汤→过油→浇油→装盘成菜。

❷ 主配料　罗非鱼 1 条，酸菜 200 克，辣椒适量，香葱 5 根，蛋清适量等。

❸ 调味料　盐、白胡椒粉等。

❹ 制作步骤

（1）罗非鱼洗净处理好，刀倾斜着片掉鱼骨和鱼腩，剩下净鱼肉。

（2）鱼骨洗净血污备用（最好多洗几遍，这是后来鱼汤奶白的关键）。

（3）刀斜 40°，从尾部开始片鱼，刀刀朝向尾部片成鱼片。

（4）鱼片用盐一茶匙、白胡椒粉一茶匙、蛋清、少量湿淀粉腌制，用手仔细反复抓拌均匀静置 20 分钟。

（5）酸菜切丝焯水备用。

（6）锅里放油炒香葱、姜、蒜，下入鱼骨、鱼皮等炒 1 分钟，加水大火烧开，中火煮 20 分钟到鱼汤白，把汤中料都捞出来铺在碗底。

（7）将焯水后的酸菜放入汤中熬煮撇出浮沫，加入盐、糖、白胡椒粉调味，当汤汁熬至奶白色时

酸菜鱼

将其倒入盛鱼骨碗中。

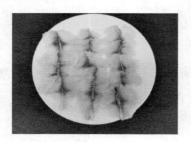
原料处理

酸菜鱼

（8）起锅烧油，将腌制好的鱼片抖散放入油锅过油，当鱼肉呈白色后捞出放入碗中。

（9）锅里放油，凉油放入花椒和辣椒圈，注意看花椒，花椒变得红中微黄且油亮干酥时，浇在鱼片上即可（浇油这个环节很重要，点睛之笔，一定要把油烧热到冒青烟，目测有青烟不断冒出，浇上去吱啦一声才够味）。

❺ 制作关键

（1）鱼片不能切得太厚，腌制时加入蛋清，鱼片一定要用蛋清抓匀，才够鲜嫩。

（2）鱼骨和鱼片要分开下锅，以免鱼骨煮不熟，鱼片不成形。

| 课堂活动——课程思政模块 |

　　东坡肉的典故：宋哲宗元祐四年，苏轼来到阔别十五年的杭州任知州。元祐五年五至六月，浙西一带大雨不止，浙西一带的人民度过了最困难的时期。他组织民工疏浚西湖，筑堤建桥，使西湖旧貌变新颜。杭州的老百姓很感谢苏轼做的这件好事，人人都夸他是个贤明的父母官。听说他在徐州、黄州时最喜欢吃猪肉，于是到过年的时候，大家就抬猪担酒来给他拜年。苏轼收到后，便指点家人将肉切成方块，烧得红酥酥的，然后分送给参加疏浚西湖的民工们吃，大家吃后无不称奇，把他送来的肉亲切地称为"东坡肉"。

　　谈谈你对苏轼的评价。东坡肉的烹调方法是什么？结合苏轼的"少著水……火候足时它自美"诗句，谈谈你对厨师职业的理解和感悟。谈谈作为餐饮从业人员，应该如何发扬工匠精神？如何增加服务意识和敬业精神？

同步测试

一、单项选择题

（1）烹调时应根据不同的进食对象，选择适当的味型，投其所好是（　　）。

A.适时而调　　　　B.因人而调　　　　C.因材施味　　　　D.准确调味

（2）调味料是味芡或味汁，它用味碟盛放，跟主料一起上桌，由食用者自行蘸加调味，属于（　　）。

A.基本调味　　　　B.决定性调味　　　　C.辅助调味　　　　D.复合调味

（3）冬季气候寒冷，人们多喜欢浓厚偏咸的口味；夏季气候炎热，人们多喜欢（　　）的口味。

A.鲜香　　　　B.清淡　　　　C.浓郁　　　　D.麻辣

（4）一般来说，菜肴的滋味可分为（　　）和复合味两大类。

A.咸味　　　　B.香味　　　　C.鲜味　　　　D.基本味

（5）味觉感受最适宜的温度是（　　）。

A. 10～40 ℃　　　　　　B. 70 ℃　　　　　　C. 10 ℃以下　　　　　　D. 以上均不是

二、判断题

（1）味觉的感受程度与呈味物质的水溶液和溶解度没有直接联系。（　　）

（2）在 30 ℃左右时人的味觉最为敏感。（　　）

（3）老年人对苦味最为敏感，儿童对苦味则比较迟钝。（　　）

（4）烹制加味就是指在烹制过程中加入调味料，增加锅内滋味浓度，使原料边成熟边入味的工艺。（　　）

（5）在调味中应尽量贯彻"本味"原则，力求体现原料原有的滋味。（　　）

三、填空题

（1）烹调中的调制是指运用各种_____和各种_____调和菜肴_____、_____、_____、_____的过程。

（2）所谓味觉，是指某些溶解于_____的化学物质作用于舌面和口腔黏膜上的_____所引起的感觉。

（3）调味方法是指在烹调加工过程中使原料_____（包括附味）的方法。根据调味的方式和原理可分为_____、_____、_____、_____、_____。

（4）调味的过程按菜肴的制作工序，可以划分为三个阶段：_____、_____、_____。

水烹法

项目描述

　　水烹法是烹调方法之一,其中包括手法与技巧,在制作菜肴的过程中根据菜品的需求,采用不同的加工、操作方法,使菜肴在质感和口感上产生不同的效果。

项目目标

　　1.掌握以水为主要传热介质的烹调方法。
　　2.掌握以水为主要传热介质的烹调方法的特点。
　　3.掌握以水为主要传热介质烹调方法的各种菜例的用料、风味特点、制作工艺和操作关键。

项目内容

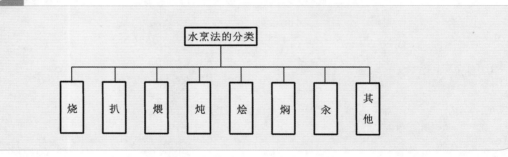

任务一　烧

 主题知识

一、烧的概念

　　烧是指将前期熟处理的原料经炸煎或水煮后加入适量的汤汁和调味料,先用大火烧开,调基本色和基本味,再改小中火慢慢加热,至将要成熟时定色、定味后旺火收汁或是勾芡汁的烹调方法。

二、制作关键

　　烧在做法和烹调目的上,与焖法、烤法、扒法等相互关联。烧是水烹法中最精细、最复杂、最有特色的一种技法。烧菜是经过两种或两种以上的加热方法才能完成的菜肴。烧的烹调流程很不统一,操作方法各不相同。一般来说,将加工洗净的原料,通过多种方法预制,初步处理为烧菜的半成品,然后放入锅内,加调味料和适量的水或汤,烧熟成菜,前后共两道工序,后一道工序叫烧,没有经过后一道工序的就不能称之为烧制技法。在这道工序中,又分为旺火烧开、中小火烧透、大火收汁三个阶段。由于主料性质和调味料品种不同,烧菜的质感、口味差异很大,形成不同的风味特色。

三、烧的特点

(1)以水为主要的传热介质。

(2)所选用的主料多数是经过油炸煎炒或蒸煮等熟处理的半成品。也可以直接采用新鲜的原料。

(3)所用的火力以中小火为主,加热时间的长短根据原料的老嫩和大小而异。

(4)汤汁一般为原料的四分之一左右,烧制菜肴后期转旺火勾芡或不勾芡。因此成菜饱满光亮,入口软糯,味道浓郁。

四、烧的分类

❶ **红烧**　一般烧制成深红色、浅红色、酱红色、枣红色、金黄色等暖色。调味料多选上色调味料,多用海鲜酱油等。代表菜:红烧肉、红烧鱼、红烧排骨。

❷ **白烧**　烧制时加入白色或者无色调味料,保持原料的本色或奶白色的烹调方法。代表菜:浓汤鱼肚、鸡汁鲜鱿鱼、白汁酿鱼。

❸ **干烧**　与红烧相似,但是干烧不用水淀粉收汁,而是在烧制中用中火收汁,使滋味渗入原料的内部或是黏附在原料表面上成菜的方法。菜肴干香酥嫩,色泽美观,入味时间较长,所以味道醇厚浓郁。成菜可撒上少许的点缀原料,如小香葱、香菜等。干烧讲究见油不见汁或少汁。代表菜:干烧鱼、干烧鲳鱼、干烧牛腩。

❹ **锅烧**　古代对炸菜的一种称谓,现今很多炸菜还叫锅烧。锅烧是原料先经初步热处理达到一定熟度以后,入味、挂糊再入油炸制成菜的方法,可以带上辅助调味料。必须去骨,采用无骨原料。糊用蛋黄糊、蛋清糊、全蛋糊、水粉糊、狮子糊、脆皮糊,此法制作的菜肴色泽金黄,口感酥香,味道浓郁。代表菜:锅烧肘子、锅烧鸡。

❺ **扣烧**　将主料经过熟处理调味后进行煮制,再以刀工处理成形。扣于碗中整齐摆放,然后上笼蒸至软糯倒扣入盛器中,而后用原汁勾芡或不勾芡,浇在蒸好的主料上,也可直接浇在炸好的主料上成菜的烹调技法。扣碗可大可小,小碗直径六厘米。代表菜:梅干菜扣肉、扣肘子。

❻ **酿烧**　烧制的原料经过刀工处理后酿入馅料,经过初步熟处理后再进行烧制的烹调方法。原料改好刀以后酿入馅料时接触面要均匀地涂上一层干面粉或淀粉。这样可以增加粘连度。代表菜:酿烧刺参、煎酿豆腐、烧汁茄子。

❼ **蒜烧**　以大蒜作为主要的调味料兼配料烧制成菜的烹饪方法。掌握好大蒜的火候,炸成金黄色蒜香浓郁为佳。代表菜:大蒜烧肚条、大蒜烧鱼。

❽ **葱烧**　以葱作为主要的调味料兼配料的烧制方法。葱烧多选用葱白。葱烧的菜肴色泽多为酱红色,葱可以煸炒成黄色,也可以将葱作为配料炒至断生呈白色。代表菜:葱烧蹄筋(鲁菜)、葱烧肥肠(淮扬菜)。

❾ **酱烧**　和红烧基本相同,着重于酱品的使用,常用黄酱、甜面酱、腐乳酱、海鲜酱、排骨酱等,炒酱的火候很重要,要炒出香味,不要欠火候和过火。代表菜:酱汁鱼(京菜)、柱侯酱烧鸭(粤菜)、腐乳烧肉。

❿ **辣烧**　以辣味调味料(如辣椒酱、干辣椒)为主烧制菜肴的烹调方法。带有辣味的调味料很多,常用的有郫县豆瓣酱、泡辣椒、蒜蓉辣酱、泰国辣酱、干辣椒、辣椒粉等。代表菜:家常豆腐(川

菜）、辣子鸡、香辣鱼头、泡椒鸡柳。

典型案例

一、红烧——红烧肉

现以红烧肉为例，介绍红烧的操作流程。

❶ **工艺流程**　原料准备→改刀→煮制→烧制→调味→收汁→成菜装盘。

❷ **主配料**　带皮五花肉 300 克，色拉油 20 克。

❸ **调味料**　盐 3 克，白糖 30 克，味精 2 克，酱油 5 克，花椒 5 克，大料 2 颗，料酒 5 克，葱姜蒜适量。

❹ **制作步骤**

（1）改刀：五花肉改刀切成约 1.5 厘米宽的条。

（2）煮制：五花肉洗干净放入沸水锅中煮制，约五分钟后捞出（煮制时加入大料、料酒）。

（3）烧制：锅中少油，放入白糖熬制成糖色后放入葱姜蒜末爆香，然后再放入煮制后的五花肉煸炒，至上色后加入汤汁。

（4）调味：加入汤汁后分别放入盐、白糖、味精、酱油、花椒。

（5）收汁：五花肉烧至酥烂后，大火收汁至浓稠。

（6）装盘：翻匀出锅装盘即可。

切成 1.5 厘米宽的条

煮制约五分钟

熬糖色，烧制

调味

五花肉烧至酥烂后，大火收汁至浓稠

装盘

❺ **制作关键**

（1）五花肉的选料很重要。一定要挑选那种一层皮、一层肥、一层瘦、又一层肥、又一层瘦的真正的 5 层五花肉。此乃秘制红烧肉的先天条件，不可或缺。

（2）做红烧肉是慢功夫，切忌旺火急烧。

（3）要稍微多放一点糖。肉是喜糖的。糖的数量，以 500 克肉 50 克糖为宜，而且最好用冰糖。笔者没有放那么多糖，加了些红枣，这样不仅增加了甜度，还更营养健康。

二、白烧——白烧蹄筋

现以白烧蹄筋为例,介绍白烧的操作程序。

❶ **工艺流程**　原料准备→泡发→改刀→焯水→烧制→收汁→成菜装盘。

❷ **主配料**　猪蹄筋 150 克,火腿 20 克,油菜 50 克,色拉油 20 克等。

❸ **调味料**　大葱 5 克,姜 5 克,盐 3 克,料酒 10 克,味精 2 克等。

❹ **制作步骤**

(1)泡发:将猪蹄筋用水泡发,洗净备用。

(2)改刀:猪蹄筋切成 3 厘米长段,大葱去根洗净切成段,姜洗净去皮切成丝,火腿切成丝,油菜切成段。

(3)焯水:将猪蹄筋和油菜分别放入沸水锅中烫透,捞出沥水。

(4)烧制:锅内放油烧热,放入葱段、姜丝爆香后除去;将猪蹄筋、火腿丝放入锅内,加盐、料酒、味精、鲜汤煮烂,放入油菜炒匀即成。

泡发,改刀

焯水

烧制

摆盘

❺ **制作关键**

(1)白烧类菜肴切记不要加入有色调味料。

(2)掌握好猪蹄筋烧制时间,时间短不烂,时间长没有筋性。

三、干烧——干烧鲈鱼

现以干烧鲈鱼为例,介绍干烧的操作程序。

❶ **工艺流程**　原料准备→初加工→改刀→炸制→烧制→成菜装盘。

❷ **主配料**　鲈鱼一条约 500 克,肉末 50 克。

❸ **调味料**　郫县豆瓣酱 30 克,红干辣椒 2 个,盐 3 克,白糖 10 克,味精 2 克,酱油 5 克,葱、姜、蒜适量等。

❹ **制作步骤**

(1)初加工:将鲈鱼去鳞、鳃,剖腹去内脏,洗净,控干后待用。

(2)改刀:鱼身两侧斜剖数刀,抹上酱油,将葱、姜、蒜均切成碎末,红干辣椒洗净切段待用。

(3)炸制:炒锅倒入豆油,烧八成热时,放入鲈鱼,炸 3 分钟,捞出,控油,倒出余油。

（4）烧制：炒锅放25克豆油，烧热时，先将肉末煸炒至酥香盛出待用；放入郫县豆瓣酱炒出红油，放入红干辣椒、葱末、姜末、蒜末煸炒，再投入清汤、盐、酱油、白糖烧开，放入鲈鱼，盖上盖，用小火煨5分钟，把鲈鱼翻面，让另一面吸收料汁，待汁浓油亮时，加味精，装盘，淋少许红油，撒上葱花即可。

改刀

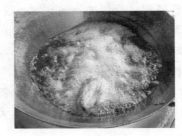

炸制

烧制

摆盘

❺ **制作关键**

（1）郫县豆瓣酱、红干辣椒、葱末、姜末、蒜末投放顺序要正确。

（2）鲈鱼炸制时油温一定要在八成热以上，否则鱼易碎。

❻ **思考**

（1）干烧的特色是什么？与红烧的区别在哪里？

（2）干烧还可以用于制作什么菜肴？味型能否变化？

四、扣烧——梅干菜扣肉

现以梅干菜扣肉为例，介绍扣烧的操作程序。

❶ **工艺流程**　原料准备→熟处理→改刀→扣烧→成菜装盘。

❷ **主配料**　五花肉400克，梅干菜80克。

❸ **调味料**　葱白、姜片各适量，料酒、白糖、老抽、生抽、豆豉酱、五香粉各适量。

❹ **制作步骤**

（1）原料准备：梅干菜用温水泡15～25分钟后待用；五花肉初加工后待用。

（2）熟处理：锅里沸水中放入五花肉，加葱白、料酒、姜片焯煮6～8分钟。将五花肉捞出，然后在五花肉各面都均匀抹上生抽，使肉上色。另起锅再次放油，五花肉放入锅中以中高火稍炸后，将五花肉取出稍放凉。梅干菜加调味料炒匀备用，另调制一份调味料待用。

（3）刀工处理：五花肉稍放凉后切薄片，每片长约8厘米、宽4厘米、厚0.5厘米。

（4）扣烧：取一碗，在碗内底层涂上一层油；将三分之一的梅干菜盛在碗中垫底，将切好的五花肉片整齐铺在梅干菜上，最后在碗周边再铺上一圈梅干菜，再将余下的调味料倒在最外层五花肉和梅干菜上。锅内放水，将铺好五花肉的碗倒扣在盘子中，大火转中火，蒸50～60分钟，直至肉软烂，取出装盘即可。

❺ **制作关键**　此菜肴的准备时间和正式扣烧的时间较长，需要耐心操作。

❻ **思考**

（1）五花肉表面为什么要抹上生抽？

扣烧——
梅菜扣肉

在煮熟的五花肉表面抹上生抽

炸制

扣烧蒸制

成品摆盘

（2）扣肉的做法适合于哪些原料？

任务二　扒

 主题知识

一、扒的概念

扒是指先用葱、姜炝锅，再在生料或蒸煮半成品中放入其他调味料，添好汤汁后用温火烹至酥烂，最后勾芡成菜的一种烹调方法。

二、制作关键

（1）在进行扒菜大翻勺时要用油炼勺，使勺光滑好用，防止食物粘勺而翻不起来。

（2）在进行大翻勺时需要用旺火，左手要有腕力，动作要快，勺内原料要转动几次，淋入明油。

（3）掌握大翻勺方法的动作要领：眼睛盯着勺内的原料，轻扬轻放，保持菜肴造型美观。

三、扒菜的特点

（1）扒菜中用油不能太多，要做到"用油不见油"。

（2）扒菜菜肴形状美观，质味醇厚，浓而不腻。

（3）扒制整形菜肴速度比较慢，适合大型宴会和预定菜式。

（4）讲究汤汁、火候得当，扒菜要勾芡。

（5）扒菜一般用高汤，没有高汤则用原汤。

（6）原料多加工成较厚的条、片状，或直接使用整形的原料。

（7）原料必须经过热处理，如焯水、过油、走红、汽蒸。

（8）卤汁的浓稠度、口味应及时调整，芡汁明亮、成品菜肴完整。

四、扒菜的分类

❶ 按颜色分

（1）红扒：加入番茄酱、红曲米、糖色等有色原料或调味料进行扒制的菜肴。

（2）白扒：不加入有色原料和调味料进行扒制的菜肴。

❷ 按原料形状分

（1）整扒：将整形的原料经改刀后进行扒制的菜肴。

（2）散扒：将散的原料摆出形状或花样进行扒制的菜肴。

❸ 按口味分

（1）五香扒：在扒制过程中加入五香调味料进行扒制的菜肴。

（2）鱼香扒：采用川菜的味型（具有小酸、小甜、小辣、微咸、葱姜味浓的特点），用鱼香汁进行扒制的菜肴。

（3）鸡油味：扒制的菜肴出勺前淋入鸡油。

（4）蚝油味：以浇汁用蚝油为主要调味料。

（5）葱扒：主料中加入大葱或葱油扒制成菜。

（6）奶油扒：汤汁中加入牛奶、奶油、牛油、奶粉、白糖等进行扒制的菜肴。

（7）酱汁扒：在红扒的基础上加入甜面酱、排骨酱、豆瓣酱、海鲜酱、黄酱等进行扒制的菜肴。

❹ 按技法分

（1）蒸扒：将加工好的原料加调味料上笼蒸制成熟后再进行扒制的菜肴。

（2）炸扒：将原料进行炸制保持其外形完整然后进行扒制的菜肴。

（3）煎扒：将原料加工成形后在锅中煎出形状和颜色，再加入调味料扒制而成的菜肴。一般是金黄色的。

❺ 按原料分

（1）荤扒：指动物性原料经过汽蒸、过油、走红处理的菜肴。

（2）素扒：蔬菜类原料经过过油处理的菜肴。

❻ 按造型分

（1）勺外扒：勺外扒就是所谓的蒸扒，原料摆成一定的图案后，加入汤汁、调味料，上笼进行蒸制，出笼后以鲜汤烧开，勾芡浇在菜肴上即成。

（2）勺内扒：将原料改刀成形，放入勺内进行加热成熟，最后大翻勺出锅的扒制菜肴。

❼ 按地域划分

（1）东北扒：东北一带扒菜，先将初步熟处理的原料，加工、切配成整齐的形状，面朝下码在盘子里，轻轻推入有汤汁和调味料的勺中，小火慢慢煨透入味，再用大火加热，一边晃勺一边勾入水淀粉，最后淋入明油，经过大翻勺（将菜肴悬空甩出，菜肴在空中整个翻面，再以勺接回）后，装盘成菜（菜肴形体完整、无破损）。菜例：红扒鱼肚。

（2）京鲁扒：在山东、北京、天津一带，扒菜有时先用砂锅煨制原料，砂锅用猪骨或鸡架骨垫底，主料用纱布包好（或不包）摆放在砂锅中，再加入其他香料、调味料或火腿、老鸭等配料，然后加入汤汁，加盖焖至主料质地软香入味，取出主料，摆放盘中，起锅，将原汁用水淀粉勾芡后浇在主料上。菜例：五香扒肘。

在福建一带，扒制方法也如此，但常用竹算垫底，称为算扒。菜例：菜心扒极品鲍。

（3）广东扒：广东一带扒菜，一般是将加工的原料经过沸水、沸汤焯熟，汽蒸或过油等初步熟处理（并调味）后，在盘中摆放整齐，取鲜汤调味兑汁，烧沸勾入水淀粉，加上明油调成卤汁，再将卤汁浇在原料上。此法扒制的菜肴，具有造型美观，色、香、味俱佳等优点。菜例：口蘑扒菜心、扒素什锦。

→ 典型案例

一、红扒——扒猪肘

现以扒猪肘为例,介绍红扒的操作流程。

❶ 工艺流程 原料准备→初步熟处理(过油、汽蒸、走红)→调味煨炖→扒制→勾芡→成菜装盘。

❷ 主配料 带皮猪肘子 750 克。

❸ 调味料 葱段 30 克,盐 5 克,头汤 500 克,料酒 100 克,花生油 1000 克,酱油 200 克(约耗 50 克),糖色 10 克等。

❹ 制作步骤

(1)加工:肘子洗净,放汤锅内用旺火氽透,捞出抹上糖色。

(2)炸制:把炒锅置旺火上,放入花生油烧至八成热时,将肘子皮朝下沿锅边放入油锅内炸,炸时要用小铁叉将肘子托起,以防焦煳,待皮炸至起小泡呈微红色时捞出。

炒糖色　　　　　　　　　　　　　　炸制

(3)煨炖:将肘子皮朝下放入砂锅内。再放入漫过肘子的二道浓汤和葱段、姜片、酱油、料酒各30 克。将砂锅置中火上烧开,撇去浮沫,再移至小火上慢慢煨炖。

(4)扒制:蒸烂的肘肉拣去葱、姜,放锅垫上。炒锅置火上,添入盐 2 克、料酒适量、头汤 400 克,将锅垫放入,用小火扒制(此处可翻勺)。

(5)勾芡:待肉烂汁浓,将锅垫用漏勺托起,把肘肉扣在盘内,余汁勾芡浇在肘肉上。

(6)装盘:出勺装盘即可。

加入浓汤煨炖　　　　　　　　　　　成品摆盘

❺ 制作关键

(1)肘子在炸制之前可用纱布擦干净,防止炸的时候溅油。

(2)给肘子上糖色时表面要抹均匀,这样成菜出来更好看。

二、白扒——香菇扒菜心

现以香菇扒菜心为例,介绍白扒的操作流程。

❶ 工艺流程 原料准备→初步熟处理→调味扒制→勾芡→成菜装盘。

白扒——
香菇扒菜心

② **主配料** 香菇 100 克,油菜心 200 克。

③ **调味料** 盐 3 克,味精 5 克,葱、姜、蒜适量,水淀粉 10 克,香油 3 克。

④ **制作步骤**

(1)加工:将香菇去蒂洗净,码在盘子中央;油菜心洗净,从根部划一刀。

(2)焯水:油菜心下入开水锅内焯一下,捞出控水,要将油菜心的叶向内逐个码在香菇周围,叶交叉压在香菇上。

加工

焯水

(3)扒制:炒锅加油烧热,下入葱末、姜末炝锅,加盐、水烧开,推入码好的香菇、菜心,小火煨至汤汁将尽时用水淀粉勾芡,淋入香油,撒入味精即可。

扒制

摆盘

⑤ **制作关键**

(1)焯水时,在开水锅里加盐和几滴食用油,焯出来的蔬菜色泽会更翠绿好看。

(2)在做这道菜时,香菇要提前泡发。泡发好的香菇放在冰箱冷藏可保存 3 天左右。

(3)如果家有高汤,用高汤浸白菜,味道更鲜。

任务三 煨

→ 主题知识

一、煨的概念

煨是指将加工处理的原料先用开水焯烫,然后放入砂锅中加适量的汤水和调味料,用旺火烧开,撇去浮沫后加盖,改用小火长时间加热,直至汤汁黏稠、原料完全松软成菜的技法。

二、制作关键

(1)要选用老韧、富含蛋白质和风味物质的动物性原料,常用的有牛筋、甲鱼、海参、鲍鱼、鱼膘、干贝、火腿、牛肉、老鸭等。刀工成形以大块为主。

Note

（2）如果原料含脂肪太少，可适量加油煸炒，使油脂在煨制过程中乳化，进而使汤汁浓稠。

（3）正确掌握火力与加热时间。封闭罐口后需要用小火，在2～3小时内，始终保持汤汁呈滚沸状态，并注意不使汤汁溢出，既要保证原料酥软，又要防止过度酥烂。

（4）如果用大陶罐批量制作再分装销售，应保证原汤足量，不可添加其他汤汁。

三、煨的特点

煨菜是火力最小、加热时间最长的半汤菜，以酥软为主，不勾芡。煨的选料及特征如下。

（1）主料多选用老、硬、坚、韧的原料。①禽类：老母鸡、老鸭。②畜类：牛肋、牛腱、牛板筋、牛蹄筋、牛胸腹肉、猪五花肉以及火腿、腊肉、咸肉等。③水产品类：甲鱼、乌鱼、鳝鱼等。④蔬菜类：冬菇、板栗、干菜、干果、干豆等。

（2）主料的形状。大块或整料，煨前不腌制、挂糊，初步熟处理比较简单，开水焯烫即可，要撇净浮沫。

（3）在入锅煨制时，凡使用多种原料的下料时均应做不同处理。质地坚实、能耐长时间加热的原料可以先下锅，耐热性差的原料（大多为辅料）在主料煨制半酥时下入。

（4）用小火加热时要严格控制火力，限制在小火、微火范围内，锅内水温控制在85～90 ℃之间。水面保持微沸。代表菜：虫草龟肉汤、糟钵头（上海菜）。

典型案例

煨——煨腐竹卷

❶ **工艺流程** 原料初加工→改刀→原料煎制→调味煨制→出锅成菜。

❷ **主配料** 腐竹100克，猪五花肉250克，小油菜心。

❸ **调味料** 盐3克，白糖5克，老抽5克，味精1克，料酒5克，清汤200克，湿淀粉15克，熟猪油50克等。

煨——
煨腐竹卷

❹ **制作步骤**

（1）初加工：将腐竹洗干净，放在锅内，加清水（淹没腐竹），烧沸后捞起，放入温水中浸泡2天左右取出，待用。

（2）改刀：将捞出的腐竹切成3～4厘米长的小段，将小油菜心的头部修成橄榄形待用。猪五花肉焯水，切成长度与腐竹一致的薄片，包裹在腐竹上。

（3）熟处理：炒锅置于炉火上，加入熟猪油烧至六成热，煎制，小油菜心焯水，备用。

（4）煨制：将洁净的砂锅置于炉火上，放入腐竹卷和清汤，进行调味，大火烧开后转小火进行煨制，用湿淀粉勾薄芡后，成菜。

准备原料

卷制

❺ **制作关键**

（1）要将腐竹泡透后才能使用。

熟处理

出品摆盘

（2）腐竹改刀成形要协调，且不能太小。

⑥ 思考

（1）腐竹为什么要与五花肉一起蒸制？

（2）腐竹如何涨发？

任务四 炖

 主题知识

一、炖的概念

炖是指将食物原料加入汤水及调味料，先用旺火烧沸，然后转成中小火，长时间烧煮的烹调方法。属火功菜技法。

二、制作关键

（1）原料在开始炖制时，大多不能先放咸味调味料。特别是不能放盐，如果盐放早了，盐的渗透作用会严重影响原料的酥烂，延长成熟时间。因此，只能炖熟出锅时调味（但炖丸子除外）。

（2）炖可分为隔水炖、不隔水炖。不隔水炖法切忌用旺火久烧，只要水一烧开，就要转入小火炖，否则汤色会变白，失去菜汤清的特色。

①隔水炖：将焯烫过的原料放入容器中，加汤水和调味料密封，置于水锅中或蒸锅上用开水或蒸汽进行长时间加热的技法。工艺流程：选料→切配→焯烫→入容器加汤调味→置于水锅中或蒸锅上→加盖密封→用开水或蒸汽加热炖制→成菜。要注意炖时保证锅内不能断水，如锅内水不足，必须及时补水，直到原料熟透变烂为止。需要三四个小时。代表菜：鸡炖大鲍翅。

②不隔水炖（清炖）：将焯烫处理过的原料放入砂锅内，加足清水和调味料，加盖密封，烧开后改用小火长时间加热，调味成菜的技法。工艺流程：选料→焯烫→入砂锅加清水和调味料→小火长时间加热→调味→成菜。

三、炖的特点

炖和烧相似，所不同的是，炖菜的汤汁比烧菜的多。炖菜时先用葱、姜炝锅，再加入汤或水，烧开后下入主料，先用大火烧开，再用小火慢炖。炖菜的主料要求软烂，一般是咸鲜味的。炖菜多为红色，主料不挂糊。

炖菜的主料，一般先经炸等初步熟处理后，再行炖制。炖的用料有整件的，有块状的，一般不挂糊。炖制菜肴口味浓厚，质地软烂。

四、炖的分类

（1）不隔水炖：将原料在开水内烫去血污和腥膻异味，再放入陶制的器皿内，加葱、姜等调味料和水（加水量一般可比原料稍多一些，如 500 克原料可加 750～1000 克水），加盖，直接放在火上烹制。烹制时，先用旺火煮沸，撇去浮沫，再移至微火上炖至酥烂。炖煮的时间，可根据原料的性质而定，一般为 2～3 小时。

（2）隔水炖：将原料在沸水内烫去腥污后，放入瓷制、陶制的容器内，加葱、姜等调味料与汤汁，用纸封口，将容器放入锅内（锅内的水面需低于容器口，以滚沸水不浸入为度），盖紧锅盖，不要漏气。以旺火烧。使锅内的水不断滚沸，3 小时左右即可炖好。这种炖法可使原料的鲜香味不易散失，制成的菜肴香鲜味足，汤汁清澄。也有的把装好原料的密封钵放在蒸笼上蒸炖，其效果与不隔水炖基本相同，但因蒸炖的温度较高，必须掌握好蒸炖的时间。蒸炖的时间不足，会使原料不熟和少香鲜味道；蒸的时间过长，也会使原料过于熟烂和散失香鲜味道。

→ 典型案例

不隔水炖——
砂锅豆腐

一、不隔水炖——砂锅豆腐

现以砂锅豆腐为例，介绍不隔水炖的操作流程。

❶ **工艺流程**　原料准备→改刀→炸制→小火炖制→成菜。
❷ **主配料**　豆腐 500 克，虾仁 50 克，鲜蘑菇 50 克。
❸ **调味料**　浓鸡汤 500 克，盐 8 克，味精 3 克，花生油 30 克，小葱 30 克等。
❹ **制作步骤**

（1）原料准备：将所有原料初加工后待用；锅内烧油，将葱段、干辣椒段炸出香辣味后，倒出冷却待用。

（2）炸制：将豆腐切成 2.5 厘米见方的方块，入锅炸至表面起壳，鲜蘑菇切厚片。

原料准备

炸制

（3）炖制：将浓鸡汤倒入砂锅中，放入豆腐、鲜蘑菇、料酒、盐，用旺火烧开，小火炖约 10 分钟，再加入虾仁，烧开后撇去浮沫，最后加入盐、味精即可。

❺ **制作关键**
（1）豆腐要先炸制。
（2）虾仁放进砂锅后炖制时间不能过长，否则原料易老。

❻ **思考**
（1）砂锅豆腐的调味特点是什么？
（2）为什么豆腐要先炸制？

Note

炖制

摆盘

二、隔水炖——砂锅如意卷

现以砂锅如意卷为例,介绍隔水炖的操作流程。

1 **工艺流程**　原料准备→初加工→刀工处理→卷制成形→调味炖制→成菜。

2 **主配料**　猪后腿精肉糜 250 克,鸡蛋 5 个,干香菇若干。

3 **调味料**　盐少许,味精少许,葱末 10 克,姜末 10 克,浓鸡汤 300 克等。

4 **制作步骤**

(1)原料准备:猪后腿精肉糜加入盐、味精、葱末、姜末,搅打上劲待用;鸡蛋打散后调味,在大号平底锅中摊成蛋皮,将肉馅抹在蛋皮上,卷紧后大火蒸制 10 分钟后待用。干香菇泡发,初加工后待用。

(2)刀工处理:将蒸熟后的卷鲜切成厚 0.5 厘米的片待用。

制作蛋皮

卷入肉糜

(3)炖制:将切好的卷鲜整齐摆放入砂锅内,香菇同样排列,加入调好味烧沸的浓鸡汤,盖上砂锅盖,大火蒸制 20 分钟后取出成菜。

炖制

成品

5 **制作关键**

(1)卷鲜卷制时要尽可能卷紧,同时注意蛋皮不得破裂。

(2)卷鲜改刀的厚薄、长短需均匀,否则影响菜肴成熟度以及菜肴本身的美观程度。

6 **思考**

(1)砂锅如意卷的调味方面要注意什么问题?

(2)此菜在炖制时为什么要注意原料的摆放顺序?

任务五 烩

→ 主题知识

一、烩的概念

烩是指将初步熟处理的原料放入锅内,加入水或者鲜汤和配菜,经过中火加热调味后,在较短的时间内成熟,最后用淀粉勾芡使主配料融为一体的烹调方式。

二、制作关键

(1)烩菜的原料既可以是生料,也可以是熟料,动物性生料一般会先进行改刀,后码味上浆,用温油滑熟后再烩制。植物性原料一般会在改刀焯水后再烩制,熟的原料可以直接烩制。

(2)因为烩菜需要经过前期的熟处理加工,所以在烩制时,原料不宜在锅中久煮。一般在汤汁烧开以后,加入需要烩制的原料,汤汁再次烧滚后即可勾芡,以期在较短的时间内保证成品鲜嫩。

(3)烩菜讲究汤料各半,所以勾芡也是一个特别重要的环节,成品芡汁要浓稠适度。如果汤汁太稀,原料浮不起来,汤汁太稠又比较容易黏稠糊嘴。在勾芡时,火力要旺一点,汤要沸腾再下入淀粉,下入淀粉后要迅速搅拌,使淀粉快速糊化。这里需要注意的是,使用淀粉时一定要将水和淀粉调匀,避免出现小疙瘩。经验不足者可以分多次下入淀粉,以防止成品太稠。

(4)因为烩菜讲究汤料各半,所以烩菜对底汤的要求也很高,并不是使用简单的清水,一般会用到清汤或者浓汤。要求口味平淡、汤汁清白的菜品需要用到高级清汤,而一些要求有回味的菜品则需要用到浓汤,制作这类菜肴时尽量不要使用清水。

(5)因为烩制的时间不能太长,所以在选择火力时通常使用中大火,使之快速烧开,然后勾芡,成品才能色泽清亮。

(6)虽然各地的烩菜各有不同,但是相对来说并没有太多的分类,仅从颜色上大体可分为红烩和白烩。红烩就是在白烩的基础上加入有色的调味料(如酱油、蚝油等)的菜品。其特点是汁稠色重,鲜香味浓。

三、烩的特点

烩菜在原料的选择上比较广泛,既有动物性原料,也有植物性原料,动物性原料以质地细腻、柔软的为主,如常见的鸡肉、鸭肉、猪肚、虾仁、海参等。植物性原料有冬笋、冬菇、口蘑、腐竹、豆腐等。

烩菜的加热时间比较短,原料在改刀后,以丝、丁、细粒、泥等形状为主。在烩制之前很多原料需要进行初步熟处理(如焯水或者滑油等),还有一些需要上浆后再进行熟处理。

四、烩的分类

❶ 以汤汁的色泽划分

(1)红烩:以有色调味料烩制菜肴的技法,特点是汁稠色重。

(2)白烩:以无色调味料烩制菜肴的技法,特点是汤汁浓白。

❷ 以调味料的区别划分

(1)糟烩:以糟汁为主要调味料烩制菜肴的技法,特点是糟香浓郁。

(2)酸辣烩:以醋和胡椒粉为主要调味料烩制菜肴的技法,特点是酸辣咸鲜。

(3)甜烩:以糖料烩制菜肴的技法,特点是甜香利口。

❸ **以制作的不同方法来划分**

(1)清烩:不加有色调味料,成菜不勾芡,特点是汤清味醇。

(2)烧烩:原料先经锅烧(即炸)再烩,特点是汤浓味厚。

烩制菜肴的特点是汤宽汁醇,料质脆嫩、软滑,口味咸鲜清淡。

 典型案例

一、白烩——鲜贝烩丝瓜

白烩——
鲜贝烩丝瓜

现以鲜贝烩丝瓜为例,介绍白烩的操作流程。

❶ **工艺流程** 原料准备→码味上浆→刀工处理→熟处理→烩制→勾芡淋明油→成菜装盘。

❷ **主配料** 鲜贝150克,丝瓜350克。

❸ **调味料** 色拉油150克,料酒15克,盐7克,味精6克,淀粉15克,白胡椒粉2克。

❹ **制作步骤**

(1)原料准备:鲜贝漂洗干净后沥干水分,加入盐和味精码味,后加入淀粉上浆;丝瓜清洗干净,初加工后待用。

(2)刀工处理:将初加工后的丝瓜,一剖为四,将其中的籽去除,切成长3厘米的条,用少许盐抓匀待用。

(3)熟处理:起锅上火,热锅冷油,将上好浆的鲜贝滑油至成熟后,倒入装有丝瓜条的漏勺中,控油待用。

(4)烩制:锅内留底油,放入白胡椒粉炒香,放入滑好油的鲜贝和丝瓜条,烹入料酒,翻炒均匀后加入鲜汤勾芡,淋明油后装盘成菜。

原料准备

熟处理

烩制

成品摆盘

❺ **制作关键**

(1)鲜贝上浆要均匀,滑油时油温要适中,否则容易脱浆。

(2)为保证丝瓜颜色翠绿不变色,烩制时间不能太长。

❻ **思考**

(1)烩制时间过长会对此菜肴颜色产生什么影响?

(2)为保证鲜贝的鲜嫩洁白,使用的料酒可以用什么调味料来替代?

红烩——
烩素三鲜

二、红烩——烩素三鲜

现以烩素三鲜为例,介绍红烩的操作流程。

❶ **工艺流程**　原料准备→初加工→刀工处理→熟处理→调味烩制→勾芡淋明油→成菜装盘。

❷ **主配料**　油面筋 10 个,杏鲍菇 50 克,水发黑木耳 50 克,水发香菇 50 克,胡萝卜 20 克,毛豆子 20 克。

❸ **调味料**　色拉油适量,料酒 15 克,盐 3 克,味精 3 克,淀粉 15 克,白胡椒粉 3 克,白糖 10 克,生抽 5 克,老抽适量等。

❹ **制作步骤**

(1) 原料准备:将杏鲍菇、水发黑木耳、水发香菇、胡萝卜、毛豆子清洗干净,分别按照各原料要求进行初加工后待用。

(2) 刀工处理:将油面筋一剖为二,杏鲍菇、胡萝卜切成菱形块,水发黑木耳撕成小块,水发香菇切片后待用。

(3) 熟处理:将锅刷洗干净,加入清水,待水烧沸后将除油面筋外的其他切配好的原料,焯水至断生后倒入装有油面筋的漏勺中控水待用。

(4) 烩制:炒锅清洗干净,热锅冷油后锅内留底油,投入熟处理后的原料,烹入料酒,翻炒均匀后加入清汤,加入盐、味精、白糖、生抽、老抽、白胡椒粉成象牙色后烩制片刻,待汤汁烧沸后,勾入淀粉后淋明油,装盘成菜。

原料准备

熟处理

烩制

出锅摆盘

❺ **制作关键**

(1) 此菜原料均比较鲜嫩,所以焯烫时间与烩制时间不宜太长。

(2) 此菜为红烩菜肴,需要注意老抽的用量,宜少量多次添加,形成象牙色。

❻ **思考**

(1) 老抽为什么要少量多次添加?

(2) 油面筋为什么不宜与其他原料一起焯水?

三、糟烩——糟烩鱼片

现以糟烩鱼片为例,介绍糟烩的操作流程。

糟烩——
糟烩鱼片

① **工艺流程**　原料准备→初加工→刀工处理→熟处理→烩制调味→成菜装盘。

② **主配料**　黑鱼 1 条 500 克,青、红椒各 25 克,胡萝卜 10 克。

③ **调味料**　色拉油 150 克,料酒 5 克,盐 5 克,味精 5 克,水淀粉 15 克,白胡椒粉 2 克,糟卤 35 克等。

④ **制作步骤**

(1)原料准备:将黑鱼宰杀,取得鱼叶子后待用;青、红椒均清洗干净,初加工后待用。

(2)刀工处理:将黑鱼鱼叶子用斜刀法切成鱼片,放入盆中漂洗多次后,沥干水分。加入盐、味精、白胡椒粉码味,勾入水淀粉上浆待用。青、红椒切成与鱼片大小相仿的菱形片后待用。

(3)熟处理:起锅上火,水烧开关火,将上浆后的鱼片划散至成熟后,倒入装有青、红椒的漏勺中,控油待用。

(4)烩制:锅内留底油,加入清汤、糟卤、料酒、盐、味精等进行调味,放入滑好油的鱼片,烩制片刻,加水淀粉勾芡,淋明油后装盘成菜。

原料准备

熟处理

烩制

摆盘出锅

⑤ **制作关键**

(1)鱼片质地比较鲜嫩,所以烩制时间不宜太长。

(2)糟卤不宜加热时间过长,否则其风味会产生影响。

⑥ **思考**

(1)鱼片滑油时间如何进行把控?

(2)烩制鱼片时,手勺如何正确运用?

任务六　焖

→ **主题知识**

一、焖的概念

焖是指将初步熟处理的原料放入锅内,加入水或者鲜汤和配菜,经过中火加热调味后,在较短的时间内成熟,最后用淀粉勾芡使主配料融为一体的烹调方式。

二、制作关键

(1)制作焖菜时要盖严锅盖,汤汁和调味料要一次加足,中途不可再加,以保持其原汁原味。

(2)正确运用火候:做焖菜第一阶段宜用大火,以去除原料异味,使原料上色;第二阶段要用小火甚至微火加热,并随时晃动炒锅,以防粘锅;第三阶段用大火收汁时要密切关注汤汁损耗情况,及时下芡。

(3)正确掌握调味料的投放量:焖菜的投料要恰到好处,过多或过少会影响菜肴质量。

(4)焖菜的汤汁不可过多,虽然有些焖菜在装盘前可以勾芡,但勾芡粉汁的量不宜过多,浓汁主要依靠小火长时间加热形成。

三、焖菜的特点

焖菜的特点是菜肴酥烂,汁浓味厚,适合老年人口味。

四、焖的分类

❶ 黄焖　以酱油或糖色为主要调味料,成品呈金黄色的一种焖制方法。有一种黄焖菜选用的是高级原料,原料不挂糊,直接炝锅添汤汁,慢火焖至酥烂起锅。

另一种黄焖菜是将鸡、鸭或畜类的肌肉改刀腌味,挂全蛋糊炸至断生,入锅加盖焖至酥烂即成。制作黄焖鸡时,先将宰杀洗净的鸡劈两半,加甜面酱腌味后,挂全蛋糊,入六成热的油锅炸黄。锅里放入油烧热,投入葱姜、花椒、八角等炝锅,再放甜面酱、酱油、清汤、盐和鸡,待用小火焖至汤汁只剩下一半时,把鸡取出来抽去脊骨,然后入屉蒸烂后取出,汤汁倒入炒锅,烧沸后勾芡,浇在鸡块上即成。黄焖菜大多具有色泽金黄、质地软烂、口味浓香的风味特点。

❷ 红焖　主料经加工整理后,用热油煸炒或炸制,并加入汤汁和酱油等调味料,长时间加热的一种焖制方法。例如,制作红焖肘子时,先将肘子煮至八分熟,除去大骨,抹上糖色,投入旺火热油锅炸至上色,然后将肘肉改刀。锅内加底油烧热,放入葱、姜稍炸,投入多种调味料添汤并加肘子,加盖,大火烧开,转小火焖至肘子酥烂,拣出葱、姜,拖入平盆,原汁少许勾芡,浇在肘子上即成。红焖菜色泽老红、汁浓味厚、质地软烂。

❸ 酒焖　以酒类作为主要调味料焖制成菜的烹调方法。制作酒焖全鱼时,先将鱼洗净改刀,下入八成热的油锅炸至金黄色,锅留底油,下入红辣椒、姜块和葱丝炝锅,放入鱼、料酒(量大)、酱油和白糖,小火焖10分钟,移旺火上将汤汁收浓,加入醋、味精,将鱼翻面,淋香油即成。做酒焖菜除了要盖严锅盖外,还要用皮纸糊严实,从而保证菜肴酒香浓郁的风味特点。

❹ 油焖　因用油量较大而得名。油焖是把主料先过油后炸至半熟,再加汤用文火焖至熟烂的烹制方法,特点是软烂不腻。此法多用于焖制植物性原料,或原料经宽油炸后再焖。例如,制作油焖冬笋时,先将冬笋掏空撕条,入五成热油锅中浸炸2分钟,接下来锅内用葱、姜炝锅,加入汤汁和冬笋烧至浓稠时,淋明油出锅即成。油焖菜大多具有脆嫩鲜香、色泽明亮、汤汁浓稠、汁明油亮的风味特点。

❺ 酱焖　同油焖、红焖、黄焖,方法相同,只是在放主配料前,将各种酱(豆瓣酱、大豆酱、金黄酱等)炒酥炒香,再将原料焖至酥烂。代表菜:酱焖鲤鱼。

🔲 **典型案例**

一、黄焖——黄焖鸡

现以黄焖鸡为例,介绍黄焖的操作流程。

❶ **工艺流程** 加工→焯水→调制酱汁→焖煮→收汁→成菜装盘。

❷ **主配料** 三黄鸡一只,香菇(鲜)50克,胡萝卜20克,金针菇50克,水发木耳50克等。

❸ **调味料** 鸡蛋2个,葱少许,姜少许,蒜少许,料酒50克,酱油40克,糖10克,甜面酱10克,盐10克,花生油50克等。

❹ **制作步骤**

(1)加工:将清洗干净的三黄鸡改刀切块;香菇去蒂改刀切块;胡萝卜去皮改刀切块;姜去皮后切片。

(2)焯水:将加工好的鸡块焯水。

(3)调制酱汁:蚝油10 g,酱油15 g,料酒10 g,糖5 g,甜面酱10 g,盐5 g,高汤或水少许。

(4)焖煮:锅内放少许底油烧热,下入姜片爆香,放入鸡块翻炒,下入香菇、胡萝卜翻炒均匀,加入调好的酱汁,烧开后放入高压锅内压制8分钟。

(5)收汁:将压好的食材盛入砂锅内收汁,勾芡淋明油,装盘撒香菜即可。

将加工好的鸡块焯水　　　　　　　调制酱汁　　　　　　　翻炒后加入酱汁

烧开后放入高压锅内压制8分钟　　**将压好的食材盛入砂锅内收汁**　　**勾芡淋明油,装盘撒香菜即可**

❺ **制作关键** 黄焖鸡是一种比较温和的食物,含的热量比较高,老少皆宜。黄焖鸡的鸡汁经过烹饪,自成独特风味,鲜香扑鼻,让人胃口大开。黄焖鸡讲究"焖",火候的掌握也是十分重要的。在这道菜里,香菇起了绝对的提味作用,千万不能省略。鸡肉炒至上色后,还需要炖煮入味,所以鸡肉不要切得太小,以免最后煮碎了,也可以不选择三黄鸡等较早熟的鸡,用稍微肥一些的母鸡、土鸡,或者单用鸡腿,越炖鸡肉越香,汤汁越发鲜美,这才是最好吃的。

二、红焖——红焖羊排

现以红焖羊排为例,介绍红焖的操作流程。

❶ **工艺流程** 加工→调制酱汁→焯水→焖制→收汁→成菜装盘。

❷ **主配料** 羊排500克,盐一汤匙,蒜4粒,西红柿一个,洋葱一个,胡萝卜一个等。

❸ **调味料** 炖肉香料一小包,生抽两汤匙,老抽一汤匙,料酒两汤匙,胡椒粉一茶匙等。

❹ **制作步骤**

(1)加工:羊排洗净改刀切块,西红柿改刀切两半,洋葱一个、胡萝卜一个改刀切块备用。

(2)调制酱汁:老油一汤匙,生抽两汤匙,料酒两汤匙,糖5克,盐5克,胡椒粉一茶匙,加水少许。

Note

（3）焯水：锅内烧水，加入料酒，将羊排焯水去血水。

（4）焖制：锅内放少许底油烧热，下入姜片爆香，放入羊排翻炒，加入调好的酱汁，烧开后放入高压锅内，同时加入西红柿、洋葱、胡萝卜、蒜、炖肉香料一小包压制8分钟。

（5）收汁：将压好的食材盛入锅内收汁，勾芡淋明油，装盘撒香菜即可。

将主配料加工备用

调制酱汁

将加工好的羊排进行焯水

起锅烧油，下姜爆香

放入羊排翻炒，加入调好的酱汁

放入高压锅内，同时加入西红柿、洋葱、胡萝卜、蒜、炖肉香料一小包压制8分钟

将压好的食材盛入锅内收汁

勾芡淋明油，装盘撒香菜即可

❺ **制作关键**　如果使用砂锅，则需要1~2小时，而且焖的羊排不够熟烂。所以尽量不使用砂锅，而使用高压锅。

三、油焖——油焖尖椒

现以油焖尖椒为例，介绍油焖的操作流程。

❶ **工艺流程**　加工→调制酱汁→煎炸→焖制→成菜装盘。

❷ **主配料**　辣椒（青、尖）300克。

❸ **调味料**　白砂糖3克，生抽5克，味精2克，盐5克。

❹ **制作步骤**

（1）加工：辣椒洗净去蒂，切段备用。

（2）调制酱汁：白砂糖3 g，生抽5 g，味精2 g，盐5 g，水少许。

（3）煎炸：锅烧热油，放入辣椒煎炸至皮起皱，捞出备用。

（4）焖制：锅留底油，放入辣椒，将调好的酱汁，倒入锅中与辣椒一起加盖焖制，待辣椒软烂入味即可。

油焖——
油焖尖椒

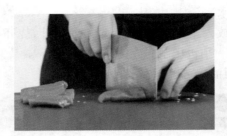

辣椒洗净去蒂,切段备用

调制酱汁

锅烧热油,放入辣椒煎炸至皮起皱

加盖焖制,待辣椒软烂入味即可

❺ 制作关键

(1) 处理辣椒蒂时最好戴上手套,否则辣手。

(2) 炸辣椒时,油往外溅,容易烫伤。

注意:食用过量反而会危害人体健康。因为过多的辣椒素会强烈刺激胃肠黏膜,引起胃疼、腹泻,并使肛门烧灼刺疼,诱发胃肠疾病,促使痔疮出血。因此,凡食管炎、胃溃疡以及痔疮等患者均应少吃或忌食辣椒。辣椒是大辛大热之品,患有火热病症或阴虚火旺、高血压、肺结核的患者也应慎食。

四、酱焖——酱焖茄子

现以酱焖茄子为例,介绍酱焖的操作流程。

❶ 工艺流程　加工→炸制→焖制→成菜装盘。

❷ 主配料　长茄子3根,尖椒一个。

❸ 调味料　豆瓣酱,蒜末,油,盐3克,糖10克,味精5克等。

❹ 制作步骤

(1) 加工:长茄子去把,洗净后切成菱形块略腌制(盐),尖椒洗净,切成菱形块。

(2) 炸制:锅内放油,油量要多,烧至六七成热,下入茄子炸透,倒出沥油。

(3) 焖制:锅内放少许底油,烧热,用葱、姜炝锅,放入豆瓣酱略炒,加高汤或者水少许,加盐、糖和炸好的茄子,烧开后用小火焖烂,再放味精、蒜末,汁浓后用湿淀粉勾芡,加少量明油,撒蒜末装盘即可。

长茄子去把,洗净后切成菱形块

尖椒洗净,切成菱形块

锅内放油,下入茄子炸透

酱焖——
酱焖茄子

用葱、姜炝锅,放入豆瓣酱略
炒,加高汤或者水少许,加盐、糖

烧开后用小火焖烂

汁浓后用湿淀粉勾芡,
加少量明油

❺ 制作关键

(1) 用盐腌一下茄子,茄子就不会吸油。

(2) 茄子较喜蒜,所以蒜末也可以在茄子出锅装盘时撒入。

任务七 氽

主题知识

一、氽的概念

氽是将鲜嫩原料加工成丝、片、条、球、丸等较小形状或整个的小型原料,放入热汤中迅速至熟的一种烹调方法。

二、制作关键

(1) 原料质地要鲜嫩。

(2) 汤汁要多,占菜肴的 70% 左右,不勾芡。

(3) 火候要旺,加热时间短,操作迅速。

三、氽的特点

汤多而清淡,鲜嫩爽口。

四、氽的分类

根据原料性质和操作要求及汤汁清澈程度的不同,可具体分为清氽、混氽两种。

(一)清氽

(1) 定义:将经过刀工处理的鲜嫩无骨原料,投入热汤中氽至断生捞在容器中,再注入调味热汤的一种烹调方法。

(2) 特点:汤清味醇、质地鲜嫩。

(二)混氽

(1) 定义:将经过刀工处理的鲜嫩原料放入锅中略煎(植物性原料不需油煎),投入宽汤中氽至原料熟透、汤汁浓白的一种烹调方法。

(2) 特点:汤汁浓白,味道醇厚、质地嫩烂。

→ **典型案例**

一、清汆——清汆丸子

现以清汆丸子为例,介绍清汆的操作流程。

❶ 工艺流程 制馅→汆煮→成菜装盘。

❷ 主配料 猪肉馅。

❸ 调味料 蛋清、香油、盐、味精、葱末、姜末、香菜叶等。

❹ 制作步骤

(1)制馅:先把蛋清磕到碗里,用筷子将其搅开,然后将猪肉馅、盐、葱末、姜末加进去,充分搅拌。搅拌中要注意只能按一个方向搅拌,一般搅拌 5～10 分钟,猪肉馅发亮上劲。

(2)汆煮:水开后,将火调到水不滚,用手轻轻地将猪肉馅挤成小肉丸子,汆好后,等它们从水中浮起来,就可以开大火,开锅后肉丸子变大成熟,就可以加点盐出锅。倒入盛器中,淋点香油,撒上香菜叶、葱末即可。

制馅　　　　　　　　　　　　　　摆盘出锅

❺ 制作关键

(1)猪肉馅肥瘦比例要适当(肥三、瘦七)。肉要剁得细腻均匀,使肌肉组织受到最大的破坏,扩大肌肉中蛋白质与水的接触面,可以增加持水量。

(2)加入适量盐。除了可调味外,还可以使水分子通过盐的渗透作用进入细胞内,增加蛋白质持水性,以突出肉丸子饱满滑嫩的特点。

(3)加入适量的干淀粉。干淀粉具有较强的吸湿性,它能吸收很多水分而成淀粉溶胶,加热后,淀粉即糊化,生成黏胶状的糊化淀粉。在搅打猪肉馅时,加入适量水后,再加入适量干淀粉,目的就是利用其吸水作用。当肉丸子汆入锅内,水温升高,蛋白质变性,水分向外溢出时,恰好淀粉也开始糊化,它将向外溢的水分紧紧吸附,使肉丸子饱满滑嫩。但是,淀粉不宜多加,淀粉多了肉丸子易老,同时也影响口感。

(4)将肉馅加水、淀粉和盐之后,顺着一个方向搅拌,破坏蛋白质原有的空间结构,而形成三维网状结构,使蛋白质从溶胶状态转变成凝胶状态,即行话"上劲"。当蛋白质处在凝胶状态时,才可吸收大量水分,肉丸子才会细嫩、饱满、滑爽。

(5)汆制肉丸子时,要掌握好火候。加热时间不宜过长,以撇除水面浮沫后即出锅为宜。否则,水分溢出过多,肉丸子变老,影响口感。

二、混汆(浓汆)——酸菜粉汆白肉

现以酸菜粉汆白肉为例,介绍混汆的操作流程。

❶ 工艺流程 加工(煮制)→汆煮→调味→成菜装盘。

❷ 主配料 酸菜、猪带皮五花肉、红薯粉丝。

③ **调味料** 猪油、葱、姜丝、胡椒粉、盐、酱油、料酒、香油等。

④ **制作步骤**

（1）加工：先把猪带皮五花肉切大块，锅内放葱、姜丝、料酒等调味料，煮到用筷子能把肉扎透，没有血丝（大约八成熟）捞出，放凉后切薄片，越薄越好。

（2）氽煮：炒锅内放猪油烧至六成热，爆香葱、姜丝，放切好的酸菜丝、盐煸炒至酸菜丝发干，略烹几滴酱油在锅边上，然后放肉片略炒，将煮肉的水撇去油沫杂质倒进锅内，盖上锅盖改中火继续加热。

混氽（浓氽）
——酸菜粉
氽白肉

猪带皮五花肉焯水改刀切片

炒制酸菜

（3）调味：等汤汁变成白色，将泡好的红薯粉丝入锅，加盐、胡椒粉、香油等调味料，略等几分钟即可出锅。

调味煮制

摆盘出锅

⑤ **制作关键**

（1）酸菜最好用开水焯烫一下再用，可以减轻酸味。

（2）煮猪带皮五花肉时记得加花椒，提味又去腥。

任务八 其 他

煮

主题知识

一、煮的概念

将处理好的原料放入足量汤水，用不同的加热时间进行加热，待原料成熟时即出锅的技法。以水为传热介质的导热技法中，煮法是用途最广泛、功能最齐全的技法。

二、制作关键

水煮法包括煮、煲、焯烫等，靠水来给食物传热。水煮的温度是 100 ℃，虽然不会产生有害物质，但水煮过程中会有大量可溶性物质溶入水中,如维生素 C、维生素 B$_2$ 和叶酸等。如果不连汤喝掉,这些营养素的损失较大。

烹饪建议:水煮法适合所有食物。质地较嫩的原料(如叶菜等)可以用短时焯烫,质地较老的原料(如薯类、肉类等)可以长时间炖煮。

炖煮时可以减少水量,连汤一起利用。焯烫绿叶蔬菜时必须在水滚沸的状态下将原料入锅,开大火,再次沸腾后立刻捞出。菜量大时宜分批焯烫,尽量缩短加热时间,减少营养素的损失。

三、煮的特点

水煮法适用于体小、质软的原料。所制食品口味清鲜、美味。

四、煮的分类

煮可分为油水煮、奶油煮、红油煮、汤煮、白煮、糖煮等。而其中比较常用的有油水煮和白煮。

❶ **油水煮** 对原料进行多种方式的初步熟处理,包括炒、煎、炸、滑油、焯烫等,制成半成品,放入锅内加适量汤汁和调味料,用旺火烧开后,改用中火加热成菜的技法。

(1)特点:菜肴的质感以鲜嫩为主,也可为软嫩、酥嫩,都带有一定汤液,大多不勾芡,少数品种勾稀薄芡以增加汤汁黏性,与烧菜比较,汤汁稍宽,属于半汤菜,口味以新鲜清香为主,有的滋味浓厚。

(2)技术要领:油水煮法所用的原料,一般为纤维细、质细嫩、异味小的鲜活原料。油水煮法所用原料,都必须加工切配为符合煮制要求的规格形态,如丝、片、条、小块、丁等。菜肴均带有较多的汤汁,是一种半汤菜。油水煮菜的制作也很精细。油水煮法以最大限度地抑制原料鲜味流失为目的。所以加热时间不能太长,以防止原料过度软散而失味。

(3)代表菜:大煮干丝、水煮牛肉。

❷ **白煮** 将加工整理的生料放入清水中,烧开后改用中小火长时间加热成熟,冷却切配装盘,配调味料(拌食或蘸食)成菜的冷菜技法。

(1)特点:肥而不腻,瘦而不柴,清香酥嫩,蘸调味料食用异常美味。

(2)操作要领:选料严,原料加工精细,水质要净,白煮时火候要适当。白煮热菜时采用旺火或中上火,加热时间短;白煮冷菜时采用中小火或微火,加热时间较长。改刀技巧要精。调味料特别讲究,常用的有上等酱油、蒜泥、腌韭菜花、豆腐乳汁、辣椒油等。

(3)代表菜:白肉片。

→ **典型案例**

一、油水煮——大煮干丝

现以大煮干丝为例,介绍油水煮的操作流程。

❶ **工艺流程** 加工→焯烫等初步熟处理→调味煮制→成菜装盘。

❷ **主配料** 方豆腐干 400 克,熟鸡丝 50 克,虾仁 50 克,熟火腿丝 10 克,冬笋丝 30 克,青菜丝 10 克,熟豌豆苗等。

❸ **调味料** 虾子 3 克,盐 6 克,白酱油 10 克,鸡汤 450 克,熟猪油 80 克。

❹ **制作步骤**

(1)加工:选择用黄豆制作的白色方豆腐干(要求质地细腻,压制紧密),先片成厚 0.15 厘米的薄片,再切成细丝。

(2)焯烫:将干豆腐丝放入沸水中浸烫,用筷子轻轻翻动拨散,沥去水,再用沸水浸烫 2 次,每次

油水煮——
大煮干丝

约 2 分钟捞出,用清水漂洗后再沥干水分,即可去其类似于黄泔水的苦味。

加工改刀

焯烫

（3）调味煮制:炒锅上旺火,舀入熟猪油 25 克,烧热,放入虾仁炒至乳白色,起锅盛入碗中。锅中舀入鸡汤,放干豆腐丝。加虾子、熟猪油 55 克置旺火上烧约 15 分钟。待汤浓厚时,加白酱油、盐。盖上锅盖烧约 5 分钟离火,加入熟鸡丝、熟鸡肫片、熟鸡肝片、冬笋丝同煮片刻后装盘,在原料表面点缀上熟火腿丝、炒虾仁、熟豌豆苗即成。

放入配料

摆盘出品

❺ **制作关键**　大煮干丝制法十分精细,先是将 2.7 厘米厚的豆腐干片成 18 张均匀的薄片,再切成如同火柴杆粗细的丝,用沸水烫两遍,然后加鸡汤、熟鸡丝、熟鸡肫片、熟鸡肝片、冬笋丝、虾子、熟猪油、白酱油、盐,用小火焖片刻。装入盘内,盖以炒虾仁、熟火腿丝、熟豌豆苗。色泽艳丽,干丝洁白绵软,配菜香嫩鲜美。

大煮干丝的调味料还要求按季节不同而有变化。春季,旧时用竹蛏入味,以海鲜增味;夏季宜脆,用脆鳝丝与干丝同煮,使菜肴干香味爽;秋季用蟹黄,汤汁金黄,鲜味浓重;冬季宜用野蔬,娇嫩翠绿,色彩和谐,增色添香。

二、白煮——白肉片

现以白肉片为例,介绍白煮的操作流程。

❶ **工艺流程**　加工→煮制→切配装盘→调制调味料→成菜装盘。

❷ **主配料**　猪肉(最好是五花肉)1 千克。

❸ **调味料**　大蒜泥 10 克,腐乳汁 15 克,辣椒油 30 克,酱油 50 克等。

❹ **制作步骤**

（1）加工:把猪肉横切成 10 厘米宽、20 厘米长的条块,刮皮洗净。

（2）煮制:将猪肉皮向上放入锅内,倒入浸没肉块 10 厘米深以上的清水,盖上锅盖后用旺火烧开,再用文火煮。

（3）切配装盘:煮熟后,先捞出浮油,再捞肉晾凉,去皮后切成 10 厘米长的薄片,码入盘内。

（4）调制调味料:把大蒜泥、腌韭菜花、腐乳汁、辣椒油和酱油等调味料一并放入小碗内拌匀,随肉片上桌。

白煮——
白肉片

煮制

切配装盘

调制调味料

摆盘

⑤ 制作关键

(1) 宜选用猪五花肉。

(2) 锅中清水要浸没肉块 10 厘米深以上,水保持微开状态,中途不能加水。

(3) 肉老皮厚者,则需煮 3 小时左右。

 烫

主题知识

一、烫的概念

将经过刀工处理的脆嫩或脆韧性原料,投入事先熬好的旺火沸汤中迅速浸烫至八成熟,捞出放入盛器中,再将热汤淋浇在原料上,随上味碟蘸食的一种烹调方法。

二、制作关键

(1) 宜选择脆嫩或脆韧性的肉类和蔬菜。

(2) 原料可切成薄片、细丝或花刀块。

(3) 旺火沸汤烫至八九成熟即可捞出,不可烫至熟透。

三、烫的特点

主料脆嫩,入口醇鲜。

典型案例

现以冒菜为例,介绍烫的操作流程。

① 工艺流程 加工→制卤水→烫制→成菜蘸食。

② 主配料 兔腰、毛肚、鳝鱼、猪黄喉、午餐肉、鸭肠、藕片、莴笋、冬瓜、豆腐干、白菜、花菜、青菜头、红薯粉。

❸ **调味料**　牛油、菜油、郫县豆瓣酱、豆豉、冰糖、花椒、干辣椒、醪糟汁、料酒、姜米、盐、草果、桂皮、排草、白菌、辣椒粉、鲜汤（配料可根据自己的爱好，原料的种类、多少可增可减）等。

❹ **制作步骤**

（1）加工：将主配料洗净，兔腰、鳝鱼、鸭肠切成 2 厘米长、2 厘米宽的方块；毛肚、猪黄喉切成 4 厘米左右见方的薄片。午餐肉切成 4 厘米左右见方的薄片；素菜洗净切成 3 厘米左右见方的薄片。

（2）制卤水：炒锅置旺火上，下菜油烧到六成热后，下郫县豆瓣酱炒酥，速放入姜米、花椒炒香后立即下鲜汤，再放入舂碎的豆豉、研细的冰糖、牛油、醪糟汁、料酒、盐、胡椒粉、干辣椒、草果等调味料；熬开后撇去泡沫，熬 30 分钟后即成卤水。

（3）烫制：卤水锅置旺火上，使之保持小沸，将各类菜放入深竹笊篱中，下锅烫制，根据不同菜肴的成熟时间，掌握火候，烫制成熟。

（4）蘸食：烫制成熟的菜肴放在盘内，淋上烧开的汤，随上装有辣椒粉、香油、蒜末和盐的味碟，根据自己的口味需要蘸辣椒粉、香油、蒜末和盐后食用；或蘸或不蘸。

知识链接

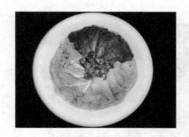

加工切成薄片

煮制约 5 分钟

涮

主题知识

一、涮的概念

涮是将易熟的原料切成薄片，放入沸水锅中，经极短时间加热，捞出，蘸调味料食用的一种技法，在卤汤锅中涮的可直接食用。

二、制作关键

（1）要选择纤维细短、肌间脂肪分布均匀的精肉以及海鲜或极嫩的蔬菜。

（2）一般肉要冻硬再切。

（3）调味料要齐全。

（4）火要旺，汤要滚沸。

三、涮的特点

主料鲜嫩不腻，汤多而清淡，鲜嫩爽口。

典型案例

现以涮羊肉为例，介绍涮的操作流程。

❶ **工艺流程**　原料准备→加工→调制调味料→涮制→成菜蘸食。

②主配料 嫩羊肉、菌类、冻豆腐、冬瓜片、粉丝等。

③调味料 芝麻酱、韭菜花酱、酱豆腐、卤虾油、盐、酱油、醋、花椒、大料、香菜末、辣椒油等。

④锅底 葱姜片、干海米、紫菜、大料、干香菇丝等。

⑤制作步骤

(1) 将嫩羊肉用清水泡 12 小时,剔筋膜、卷成卷冷冻后切成极薄的片,最好肥瘦相间,整齐地码放在盘中。

(2) 花椒、大料用热水浸泡至凉透,用泡好的水把芝麻酱解开,加入适量的韭菜花酱、酱豆腐、卤虾油、盐调均匀。

(3) 另把韭菜花酱、酱豆腐、卤虾油、盐、酱油、醋及糖蒜、酱瓜、香菜末、辣椒油配在碟中随羊肉片上桌,客人可以根据自己口味进行二次调配。

(4) 将羊肉片、浸泡好的粉丝,洗净的菌类、冻豆腐切片、冬瓜片等一起入锅涮制,待成熟后即可食用。

羊肉摆盘

涮羊肉

⑥食用方法 在火锅中加清水,放入葱姜片、干海米、紫菜、大料、干香菇丝烧沸,下羊肉片边涮边吃,涮完羊肉,再分别放入白菜、冻豆腐、冬瓜片、粉丝、面条涮熟,佐以芝麻烧饼,还能分享火锅中鲜美的肉汤。

⑦操作要点

(1) 羊肉一定要边涮边吃,下锅后只要变色断生就可以食用了,不要等到开锅,不然会变老,口感发硬、发柴。

(2) 调芝麻酱的水一定要烧开后浸泡花椒、大料,不能煮,否则会有苦味。

卤

→ 主题知识

一、卤的概念

卤是指将加工好的原料或预制的半成品、熟料,放入预先调制的卤汁锅中加热,使卤汁的香鲜味渗入原料内部成菜,然后冷却装盘的技法。

二、制作关键

(1) 调制卤汁时,加盐、酱油、糖、料酒、味精、葱花、姜、蒜等基本调味料;加桂皮、甘草、陈皮、草果、丁香、白芷、豆蔻、小茴香、红曲等香料。

(2) 注意卤制火候,主要目的是上色、入味,用中小火稍长时间加热,使卤汁始终保持一定温度,原料充分吸收卤汁中的各种滋味。

（3）掌握卤制要领：①卤汁要宽，全部淹没原料。②保持卤汁香味浓淡适宜。③防止卤时串味，须保证风味纯正。④保持卤的质量。

三、卤的特点

原料广泛，可采用猪、牛、羊、鸡、鸭、鹅及其内脏和蛋类，水产品等动物性原料，也可采用蔬菜、豆制品等，制作简单，成品味厚醇香，口感鲜美。

→ 典型案例

卤牛肉

现以卤牛肉为例，介绍卤的操作流程。

❶ **工艺流程** 原料准备→加工→调制卤水→炖煮→成菜装盘。

❷ **主配料** 牛腱子肉 1000 克。

❸ **调味料** 茴香籽 1 勺，砂仁 2 颗，八角 2 颗，香叶 3 片，草果 1 颗，桂皮 1 块，干红辣椒 6 个，花椒 10 克，白糖 10 g，生姜 1 块，盐 30 克，味精 20 克，另老抽和老卤水适量。

❹ **制作步骤**

（1）牛腱子肉洗净，最好用清水浸泡 1 小时。锅中倒进足够量的水，下入牛腱子肉、三五片生姜，煮开后继续煮 5 分钟左右，至血水全部析出。

（2）将牛腱子肉捞起，用清水冲洗掉表面的浮沫。

（3）锅洗净后，下入草果、干红辣椒、砂仁、香叶等香料，加入牛腱子肉，并倒入清水，水量要没过牛腱子肉。

（4）加入老卤水。

（5）煮开后，加入白糖和 2 勺老抽，继续煮 15～20 分钟。然后转小火，继续炖煮 2 小时后加入适量盐即可。

卤水调制

牛肉摆盘

❺ **制作关键**

（1）用牛腱子肉。牛腱子肉中带筋，是最适合做卤牛肉的部位。

（2）卤过几次牛肉的卤水，属于老卤水，卤出来的肉自然味道更好。

（3）卤水：每次卤完肉，过滤掉调味料和其他杂质，用保鲜盒装好，自然冷却后放进冰箱冷藏或冷冻。如果经常拿出来卤东西烧沸，就冷藏放置；如果很长时间才用一次，那就冷冻保存。

（4）过滤时尽可能多地过滤掉油脂，因为油脂漂浮在卤水表面，极易被氧化，从而引起卤水变质。

知识链接

| 课堂活动——课程思政模块 |

　　新石器时代陶器的发明,使在器皿中加水煮熟食物成为可能,除了在各式陶锅中煮食物外,还能利用蒸汽在甑中蒸,有别于此前人们只能在火上直接烧、烤的"火烹法",这些以水为传热介质制熟食物的方法可称为"水烹法",自此,完备意义上的烹饪出现了。由于以水为传热介质进行菜肴烹制的方法,热加工温度不超过100 ℃,包括煮、烧、烩、炖、涮、焖、煨、烫等加工方式,对食物营养成分破坏少,食物中营养素更易被人体消化吸收,产品具有滋味丰富、柔嫩多汁等特点。

　　小组讨论：让学生分组讨论,谈一谈作为新一代的厨师,如何在继承和发扬传统烹饪技艺的同时,既满足现代人的口舌之欲,又保证营养不流失,如何做到美味与营养兼而得之?

同步测试

一、填空题

（1）沸水锅焯水时,先将锅中的水_____,再下入原料,至断生后迅速取出,用_____备用。

（2）中国的饮食文化历史悠久,源远流长,_____,_____是中华民族宝库中一颗璀璨的明珠。

（3）中国烹调善于用火,善于掌握_____的强弱和_____时间。

（4）水烹法是烹调方法之一,其中包括手法与技巧,在制作菜肴的过程中根据菜品的需求,采用_____、_____,使菜肴在质感和口感上产生不同的效果。

二、单项选择题

（1）下列以水为传热介质烹制菜肴的技法有（　　）。

A. 炸　　　　　　　B. 清炖　　　　　　　C. 煎　　　　　　　D. 熘

（2）下列以烧烹调法制成的菜肴有（　　）。

A. 地三鲜　　　　　B. 烤鸭　　　　　　　C. 全家福　　　　　D. 佛跳墙

（3）干烧鱼是（　　）名菜。

A. 四川　　　　　　B. 广东　　　　　　　C. 湖北　　　　　　D. 湖南

（4）白肉片由（　　）的烹调方法制作而成。

A. 烧　　　　　　　B. 焖　　　　　　　　C. 煮　　　　　　　D. 煨

三、判断题

（1）焯过水的蔬菜,会马上变色,影响蔬菜的鲜艳程度。（　　　　）

（2）烧制菜肴时动作要迅速,下料要集中,翻炒均匀,使原料受热一致,渗透入味并迅速成菜。（　　　　）

（3）炖制类菜肴烹制中出水,应该使水分煸干后,才可装盘成菜。（　　　　）

（4）扒是指先用葱、姜炝锅,再将生料或蒸煮半成品放入其他调味料,添好汤汁后用温火烹至酥烂,最后勾芡成菜的一种烹调方法。（　　　　）

四、简答题

（1）扒的特点有哪些?

（2）焖制类菜肴的制作关键有哪些?

项目六

油烹法

扫码看课件

项目描述

在中餐烹调技艺中,油烹法是常用的烹调方法,大家常说的炒菜的"炒"就属于油烹法,除此以外,炸、熘、爆、煎、贴、锅塌等都属于油烹法。因此,油烹是厨房工作人员的重要技能之一。

本项目将以油为主要传热介质烹调方法的典型菜品为例,系统介绍以油为主要传热介质烹调方法的各类菜例的用料、油烹法菜肴的制作工艺和操作关键、风味特点等。

项目目标

· 了解以油为主要传热介质烹调方法的概念与种类。
· 熟悉厨房中的各种设施、设备。
· 掌握以油为主要传热介质烹调方法的特点。
· 掌握以油为主要传热介质烹调方法的各类菜例的用料、风味特点,尤其应熟练掌握制作工艺和操作关键,养成良好的操作习惯。
· 能按顾客的要求烹制以油为主要传热介质的菜肴。

项目内容

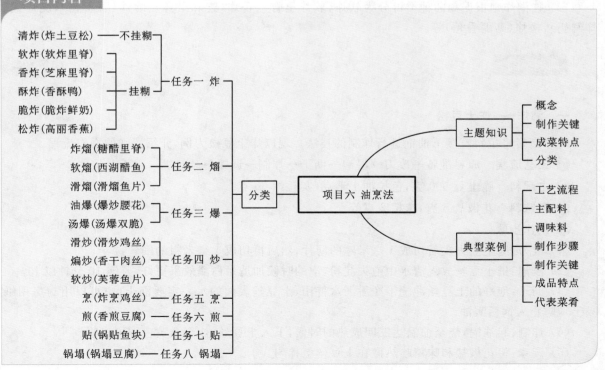

→ 主题知识

一、炸的概念

炸是指将加工处理后的原料经过腌制、挂糊或不挂糊,投入大油量、热油锅中加热成熟的烹调方法。

二、制作关键

炸的用油量之多,超过了其他烹调方法,不管原料体积有多大,如整鸡、整鱼,炸制时必须有足够的油量将其淹没,所以说其采用的是大油量。

用油炸制时油温可达 230 ℃左右,在实际应用中有效油温可在 100～230 ℃之间,故称其为热油锅。

三、炸的特点

炸的技法以旺火、大油量、无汁为主要特点。

炸是烹调方法中一个重要的技法,应用范围很广,既能单独成菜,又能配合其他烹调方法(如熘、烧、烹等)共同成菜。

四、炸的分类

炸可以分为挂糊炸和不挂糊炸两种。

(1)不挂糊炸又称为清炸,如干炸响铃、炸土豆松。

(2)挂糊炸则根据糊的种类可分为软炸(软炸里脊)、香炸(芝麻里脊)、酥炸(香酥鸭)、脆炸(脆炸鲜奶)、松炸(高丽香蕉)等。

→ 典型案例

炸土豆松

一、清炸——炸土豆松

清炸是指将主料直接下油锅进行炸制的技法。现以炸土豆松为例,介绍清炸的操作流程。

❶ **工艺流程**　原料准备→改刀→浸泡→沥干→炸制→调味→装盘。

❷ **主配料**　脆土豆 500 克,色拉油 1 千克(实耗约 60 克)。

❸ **调味料**　花椒盐 5 克,味精 2 克等。

❹ **制作步骤**

(1)改刀:脆土豆去皮后切成 1 毫米厚的薄片,然后再切成 1 毫米粗的细丝。

(2)浸泡:把土豆丝放入清水中泡去淀粉,泡的时候加适量白醋效果更好,要泡 10 分钟以上。

(3)沥干:泡好的土豆丝冲洗干净后沥水待用,土豆丝表面的水一定要沥干(也可以用厨房用纸吸干),防止入锅后溅油。

(4)炸制:起油锅,烧至油温达三四成热的时候,下入土豆丝,炸至金黄色即可出锅。

(5)调味:将花椒盐和味精趁热撒在土豆丝上拌匀。

（6）装盘:堆码成宝塔形。

切成 1 毫米粗的细丝

清水加白醋浸泡 10 分钟以上

洗干净后沥水待用

油温达三四成热,下入
土豆丝炸至金黄色

将花椒盐和味精
趁热撒在土豆丝上

堆码成宝塔形

❺ **制作关键**

（1）做炸土豆松时最好选用比较脆的土豆,用粉的土豆炸出来效果不佳;用脆的土豆做土豆松,也应尽量把淀粉泡出来,否则炸的时候容易互相粘连和粘锅。

（2）一次不要下入太多的土豆丝,500 克土豆丝要分成 3～4 次下锅,下锅后要边炸边用筷子拨散。炸的过程中一定要盯紧锅内,很可能上一秒还没有炸好,下一秒就炸过了!

（3）土豆丝要粗细均匀,粗度最好不要超过火柴梗。

（4）炸好的土豆松可以有多种调味方法,可以撒白糖做成甜的,也可以撒花椒盐、辣椒粉等。

❻ **成品特点** 香脆松嫩,鲜而微辣。

❼ **代表菜肴** 干炸响铃、炸土豆松。

二、脆炸——脆炸鲜奶

脆炸就是将经过加工处理后的原料用调味料腌制,然后挂上脆皮糊入油锅炸制成熟的烹调方法。

脆炸大多选用含水量较多、质地较嫩、口感鲜美的去骨动物性原料,如鸡、鱼、虾贝类等。植物性原料通常只选新鲜蘑菇、干香菇等香鲜味较好的原料。

常用的脆皮糊用面粉、淀粉（生粉）、泡打粉、盐、色拉油等调制而成。现以脆皮鲜奶为例,介绍脆炸的操作流程。

❶ **工艺流程** 制作奶糕→调制脆皮糊→改刀→炸制→装盘。

❷ **主配料** 植脂淡奶 500 克,粟粉（玉米粉）100 克,白砂糖 50 克,椰浆 50 克,吉士粉 10 克,色拉油 1 千克（实耗约 60 克）等。

❸ **调味料** 炼乳 30 克,白糖 30 克等。

❹ **制作步骤**

（1）**制作奶糕:**将植脂淡奶 500 克、粟粉（玉米粉）100 克、白砂糖 50 克、椰浆 50 克、吉士粉 10 克倒入一个较大的器皿中,搅拌均匀,调成无颗粒状的奶浆,然后倒入洗净的锅中,开中火,慢慢将奶浆熬成糊状。放置凉透后,再放进冰箱冷藏。

(2)调制脆皮糊:面粉 100 克、生粉 25 克、清水 200 克、泡打粉 25 克、色拉油 30 克、盐 3 克抓匀制成脆皮糊,静放 10 分钟待用。

(3)改刀:冻好的奶糕用蘸上油的小刀切成长 6 厘米、宽 1.5 厘米、厚 1.5 厘米的长条。刀上蘸油和盘底蘸油都是为了避免奶糕和刀发生粘连。

(4)炸制:炒锅置中火上,加入色拉油,烧至油温 120 ℃时,将奶糕均匀地拍生粉挂上脆皮糊入锅进行炸制(时间为两三分钟),至表皮呈浅黄色且酥脆即可捞出沥油。

(5)装盘:控油装盘,随带味碟(可装上白糖或者炼乳)。

将奶浆熬成糊状

放进冰箱凝结成冻

调制脆皮糊

切条、拍粉

挂上脆皮糊,进行炸制

控油装盘,随带味碟

❺ 制作关键

(1)在奶浆糊熬制过程中,一定要用炒勺用力不停地顺时针搅拌。切记,奶浆一旦变成糊状就立即关火,以免煳锅。最后,再开大火让奶浆糊沸腾一下,立即关火,将奶浆糊倒入底部抹了一层油的器皿中(建议用长方形容器)。

(2)切好的奶糕表面要拍一点生粉,拍生粉是为了让脆皮糊更好地挂住。切记,生粉薄薄的一层即可,不要多。

(3)脆皮糊在这道菜中的作用十分关键。相对来说,用软嫩的原料调脆皮糊时要调得稠一点;用韧性的原料调脆皮糊时要调得稀一点。调好的脆皮糊应放在有盖的容器中或用保鲜膜封住保存,以免脆皮糊结块。

(4)控制好油温,六成热时将裹好脆皮糊的奶糕放入油锅,奶糕很快便会浮起。如果油温较低,则奶糕容易趴锅底。

❻ 成品特点 香脆松嫩,鲜而微辣。

❼ 代表菜肴 脆炸冰激凌、脆炸鲜奶。

三、香炸——芝麻里脊

香炸是炸菜中一种运用较普遍的技法。它是选用新鲜、鲜嫩的动物性原料作为主料,刀工处理成片或泥状等,腌制入味后,拍粉、挂蛋液、粘料(面包屑、面包丁、芝麻、椰蓉、松子仁、花生仁等)后用旺火热油炸制成熟的烹调方法。香炸因具有松、香、嫩、鲜的特点而受到顾客的欢迎。现以芝麻里脊

芝麻里脊
Note

为例,介绍香炸的操作流程。

❶ **工艺流程** 改刀→腌制→拍粉→拖蛋液→粘芝麻→炸制→装盘。

❷ **主配料** 猪里脊肉 350 克,芝麻 75 克,鸡蛋 1 个。

❸ **调味料** 料酒 3 克,胡椒粉少许,葱 3 克,姜 3 克,盐 1.5 克,味精 1.5 克,熟猪油 1000 克(约耗 75 克),生粉 15 克。

❹ **制作步骤**

(1)改刀:将猪里脊肉批成 0.5 厘米厚的大片(肉片标准:8 厘米×5 厘米×0.5 厘米),用刀拍松,虚刀纵横排斩;葱切段,姜切片。

(2)腌制:将改刀的里脊肉片用料酒 3 克、盐 1.5 克、味精 1.5 克、胡椒粉少许、葱段、姜片腌制。

批成厚片,用刀拍松,虚刀纵横排斩

加料酒、盐、味精、胡椒粉、葱段、姜片腌制

(3)拍粉→拖蛋液→粘芝麻(过三关):取三个大盘,里面分别放上生粉、打散的蛋液、芝麻;将腌制过的里脊肉片两面拍上生粉,拖上蛋液,均匀地粘上芝麻,揿实。

里脊肉片两面拍上生粉

拖上蛋液

均匀粘上芝麻,揿实

(4)炸制:锅置火上烧热,加色拉油烧至四成热,将过三关的芝麻里脊逐片下锅略炸,将芝麻里脊翻面再略炸捞出沥油(炸熟);油温升高至五成热时再将所有的芝麻里脊下锅复炸成熟,用漏勺捞起沥油(炸上色)。

(5)装盘:待芝麻里脊冷却后改刀成长条块装盘;上桌时可随带辣酱油或番茄沙司蘸食(加热后调味)。

烧至四成热时初炸

油温至五成热时复炸

改刀成长条块装盘

❺ **制作关键**

(1)里脊肉片大小厚薄应一致。

（2）拍粉、拖蛋液、粘芝麻要均匀。

（3）控制油温,掌握炸制技巧。

6 成品特点 香脆松嫩,鲜而微辣。

7 代表菜肴 鱼夹蜜梨、炸鸡排、吉利猪排。

四、软炸——软炸里脊

软炸就是将质嫩、形小的原料先用调味料腌制,再挂上蛋清糊或蛋泡糊投入温油锅炸制成熟的烹调方法。

特点:一是香软,挂上蛋清糊或蛋泡糊,温油锅炸制;二是鲜嫩,原料鲜嫩,烹调过程水分损失少。现以软炸里脊为例,介绍软炸的操作流程。

1 工艺流程 改刀→腌制→调糊→炸制→装盘。

2 主配料 猪里脊肉300克,鸡蛋1个。

3 调味料 料酒3克,胡椒粉少许,葱1克,盐1.5克,味精1.5克,熟猪油1000克(约耗75克),生粉15克等。

4 制作步骤

（1）改刀:将猪里脊肉批成0.5厘米厚的大片(肉片标准:8厘米×5厘米×0.5厘米),用刀拍松,虚刀纵横排斩,再改刀成菱形块;葱切段,姜切片。

（2）腌制:将改刀的里脊肉片用料酒3克、盐1.5克、味精1.5克、胡椒粉少许、葱段、姜片腌制3分钟。

（3）调糊:将蛋清、面粉、生粉加水调成软炸糊,放入里脊肉片拌和均匀。

（4）炸制:锅置中火上,加油烧至五成热,把里脊肉片逐片入锅炸至结壳捞起,拣去碎末,待油温升高,再入锅炸至成熟,捞起沥油。

（5）装盘:上桌时可随带辣酱油或番茄沙司蘸食(加热后调味)。

批成厚片,用刀拍松,
虚刀排斩再改菱形

加料酒、盐、味精、
胡椒粉、葱段、姜片腌制

调制软炸糊、挂糊

油烧至五成热初炸

复炸至色泽微黄,捞出

成菜装盘

5 制作关键

（1）改刀形状大小一致。

（2）糊不能过厚，应呈酸奶状。

（3）油温切忌过高，应掌握在五成热左右。

（4）产品色泽不能太深，主要掌握好炸制的时间和油温的高低。

❻ 成品特点　色泽微黄，外松软、里鲜嫩。

❼ 代表菜肴　软炸里脊、软炸鱼条、软炸猪肝。

五、松炸——高丽香蕉

松炸就是将质嫩、形小的原料先用调味料腌制，再挂上蛋泡糊投入温油锅炸制成熟的烹调方法。现以高丽香蕉为例，介绍松炸的操作流程。

❶ 工艺流程　改刀成形→抽打蛋泡→炸制→成菜装盘。

❷ 主配料　熟香蕉 200 克，鸡蛋 5 个（取蛋清）。

❸ 调味料　干淀粉 40 克，盐 1 克，色拉油 1000 克（耗 80 克），细糖粉 1 小碟。

❹ 制作步骤

（1）改刀：将香蕉去皮切成约 1 厘米的丁，拍上干淀粉。

（2）抽打蛋泡：蛋清抽打成泡沫状，打至泡细、色发白为好，翻而不会倒出，加入干淀粉轻轻拌匀。

（3）炸制：炒锅置小火上，加入色拉油烧至二成热时，将香蕉丁逐个挂上蛋泡糊放入油锅中，小火慢炸至鹅黄色时捞起。

（4）装盘：上桌时可随带辣酱油或番茄沙司蘸食（加热后调味）。

香蕉去皮切成丁，拍上干淀粉

蛋清抽打成泡沫状，翻而不会倒出

加入干淀粉轻轻拌匀

二成热时，香蕉丁逐个
挂上蛋泡糊放入油锅中

小火慢炸至鹅黄色，捞出

成菜装盘

❺ 制作关键

（1）取大约 3 个鸡蛋的蛋清置于无油无水的不锈钢桶内，用打蛋器或筷子不断搅打直至蛋清呈雪花状，筷子可插入其中不倒或反拿盆蛋清不落，再加入少量的干淀粉拌匀成蛋泡糊。蛋泡要打得老，拌和的干淀粉要适量，加入后不能搅打，轻轻搅匀即可。

（2）注意掌握好火候及油温：炒锅置小火上，加入色拉油烧至二成热时，小火慢炸至鹅黄色。

（3）翻动要均匀及时，炸时要注意色泽，防止阴阳面。

117

⑥ 成品特点 色鹅黄、均匀,饱满光洁,外层松绵、里香甜。

⑦ 代表菜肴 高丽香蕉、细沙羊尾、高丽虾球。

六、酥炸——香酥鸭

酥炸就是将蒸熟或煮熟的原料表面挂上一层糊或拍上一层干粉,投入温油锅炸制成熟的烹调方法。酥炸的方法可能因饭店要求与所用的主料不同而有所差异,但就其操作方法而言,都是主料先蒸熟或煮熟后再炸制。现以香酥鸭为例,介绍软炸的操作流程。

① 工艺流程 初加工处理→腌制→蒸制熟烂→炸制→成菜装盘。

② 主配料 肥鸭一只,约重 1500 克。

③ 调味料 干淀粉 50 克,葱、姜(拍松)各 20 克,桂皮 5 克,茴香 3 克,色拉油 3000 克(约耗 100 克),料酒 5 克,盐 12 克,味精 2 克,花椒盐一小碟约 5 克,番茄沙司一小碟约 5 克等。

④ 制作步骤

(1)初加工处理:将肥鸭宰杀后剁去鸭爪、翅尖;剖腹去内脏,用力将鸭胸骨按断,洗净后沥干。

(2)腌制:先将盐放到干锅中炒热,加入花椒炒出香味;腹腔内用花椒盐抹擦均匀,然后放入容器内,加入葱、姜、料酒、桂皮、茴香拌匀,腌制 30～60 分钟。

(3)蒸制熟烂:上笼蒸至熟烂后取出,沥干水分,挑去花椒、葱、姜、茴香、桂皮。

(4)炸制:将蒸熟晾干水分的鸭子刷上糖浆风干待用;炒锅置旺火上,放入色拉油,烧至八成热时,将鸭子放入锅内炸至金黄色,表皮酥脆时取出。

(5)装盘:捞出沥油,改刀装盘;上桌随带一碟花椒盐或番茄沙司。

初加工处理

腌制 30～60 分钟

上笼蒸至熟烂

将蒸熟晾干水分的鸭子刷上糖浆

炸至色泽金黄,捞出

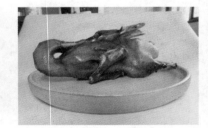
成菜装盘

⑤ 制作关键

(1)掌握好原料煮或蒸的程度,要熟烂,但不能熟碎,尤其是带骨的原料。按原料质地的老嫩、形状的大小确定加热的时间,质地鲜嫩、较小的原料加热时间可短一些。

(2)酥炸的原料在炸制前要先进行腌制,蒸或煮原料时要调好味,不宜过咸。

(3)应控制好油温,一般原料下锅炸制时油量要大、火力要大、油温要高,这样才能形成外层香酥的特点。

(4)成品可随带番茄沙司或甜面酱、辣椒酱等辅助调味料一同上席。

6 成品特点 香酥鸭的特点就体现在"香酥"两字上。香,香味浓郁,香气扑鼻;酥,酥软爽口,酥而不油。

7 代表菜肴 香酥鸭、香酥鸡腿。

任务二 熘

→ 主题知识

（一）熘的概念

熘是将加工处理的原料,经油炸、滑油、汽蒸或水煮等方法加热成熟,然后将调制好的卤汁浇淋于原料上,或者将原料投入调制好的卤汁中翻拌成菜的一种烹调方法。

（二）熘的分类

（1）按照原料加热成熟方法的不同,可分为软熘、滑熘、炸熘三种。

（2）按颜色划分,有白熘、红熘和黄熘之分。

（3）按味型或所用调味料不同,可分为醋香型（醋熘白菜）、糖醋型（糖醋鱼）、糟香型（糟熘鱼片）、咸香型（滑熘里脊）、荔枝味型（荔枝肉片）、茄汁味型（茄汁虾仁）、果汁味型（果汁豆腐）、甜香味型（蜜汁红果）等。

（三）制作关键

（1）选料广泛、要求严谨。熘的菜肴用料范围较广,一般多用质地细嫩、新鲜无异味的生料,如新鲜的鸡肉、鱼肉、虾肉、里脊肉,以及皮蛋和各种青蔬的茎部等。

（2）刀工精致。一般切成丝、丁、片、细条、小块等形状;整只的鱼类等,则需要剞花刀。

（3）火候独到,芡汁适度。这样才能保持菜肴不同的口味、质感等。

（四）成菜特点

熘菜的特点是口感酥脆或软嫩、味型多样。在餐饮行业中,用熘的技法制成的菜肴一般汤汁较多且明亮黏稠,口味以甜酸居多。

熘菜在旺火速成方面与炒菜、爆菜相似,不同的是熘菜所用的芡汁比炒菜、爆菜要多,原料与明亮的芡汁交融在一起。熘菜的味型多样且较浓厚。另外,熘菜的原料一般为块状,甚至用整料。

→ 典型案例

一、炸熘——糖醋里脊

炸熘,又称脆熘或焦熘,就是将加工成形的原料用调味料腌制,经挂糊或拍粉后,投入热油锅中炸至松脆,再浇淋或包裹上甜酸卤汁成菜的熘制技法。炸熘菜肴的成品特点是外脆里嫩、甜酸味浓。现以糖醋里脊为例,介绍炸熘的操作流程。

1 工艺流程 刀工成形→腌制→调水粉糊→挂糊炸制→勾芡熘制→出锅装盘。

2 主配料 猪里脊肉（或全精肉）200克,干淀粉50克,面粉50克。

3 调味料 盐3克,料酒10克,姜末5克,白糖50克,米醋35克,酱油30克,湿淀粉50克,色拉油1000克（约耗75克）。

糖醋里脊

④ 制作步骤

（1）刀工成形：将猪里脊肉批成 0.5 厘米厚的大片，表面用虚刀轻排，然后改刀成骨牌块。

（2）腌制：将猪里脊肉块放入碗中，加盐、料酒、姜末腌制 10 分钟。

（3）调水粉糊：碗内加入干淀粉 50 克，面粉 50 克，加适量清水上下抓匀调制成水粉糊待用。

（4）挂糊炸制：炒锅置中火上烧热，下色拉油烧至五成热时，将挂好糊的猪里脊肉块逐块入锅炸约 1 分钟捞出，待油温升至六成热时，再全部投入复炸 1 分钟，至金黄硬脆时倒入漏勺，沥去油。

（5）勾芡熘制：原锅留油少许，加汤水 50 克，分别加入酱油、白糖、料酒、米醋等，待汤水沸时，加入湿淀粉勾成厚芡，迅速将炸好的猪里脊肉块入锅，颠翻炒锅，使芡汁均匀地包裹住猪里脊肉块。

（6）出锅装盘：待芡汁均匀地包裹住猪里脊肉块时，即可出锅装盘。

改刀处理

腌制 10 分钟

调水粉糊

挂糊炸制

勾芡翻炒

出锅装盘

⑤ 制作关键

（1）猪里脊肉在五成油温时入锅炸至结壳。

（2）复炸油温要高，炸至金黄脆硬。

（3）口味甜酸适口，甜在前，酸在后。

⑥ 成品特点　外脆里嫩，色泽红亮，酸甜味美。

⑦ 代表菜肴　糖醋里脊、糖醋排骨、菊花鱼块等。

二、软熘——西湖醋鱼

软熘，就是先将原料水煮或汽蒸成熟，再调制酸甜口味的卤汁浇淋在原料之上的一种熘制技法。成菜特点是卤汁较宽，软滑鲜嫩，酸甜适口。现以西湖醋鱼为例，介绍软熘的操作流程。

① 工艺流程　初加工处理→改刀处理→水煮至熟→勾芡淋浇→成菜装盘。

② 主配料　草鱼 1 条（约 750 克）。

③ 调味料　酱油 75 克，白糖 60 克，米醋 50 克，料酒 25 克，湿淀粉 50 克，姜末 10 克，色拉油 750 克（约耗 30 克）。

④ 制作步骤

（1）初加工处理：将草鱼剖杀，去鳞、鳃、内脏，洗净备用。

（2）改刀处理：将鱼身从尾部入刀，剖劈成雄雌两片（连脊椎骨的为雄片，另一片为雌片），斩去鱼牙。在鱼肉的雄片上，以离鳃盖瓣 4.5 厘米开始，每隔 4.5 厘米左右斜批一刀，共批 5 刀，深约 5

厘米,刀口斜向头部,刀距及深度要均匀,第3刀批在腰鳍后0.5厘米处并切断,雌片剖面的脊部厚肉处,从尾至头向腹部斜剞一花刀(深约4/5),不要损伤鱼皮。

(3)水煮至熟:锅内放清水1000克,用旺火烧沸,先放雄前半片,后半片盖接在上面,再将雌片与雄片并放,鱼头对齐,鱼皮朝上,加盖,待锅内水沸时启盖,撇去浮沫,转动炒锅,继续用旺水烧煮约3分钟至熟,将锅内汤水留下250克左右(余汤撇去),放入酱油、料酒、姜末,将鱼肉捞出,鱼皮朝上,两片鱼背脊拼连装入盘中,沥去汤水。

(4)勾芡淋浇:锅内原汤汁加入用白糖、米醋和湿淀粉调匀的芡汁,用手勺推搅成浓汁,浇遍鱼肉的全身,撒上姜末即成。

(5)成菜装盘。

初加工处理　　　　　改刀处理　　　　　水煮至熟

调味　　　　　勾芡淋浇　　　　　成菜装盘

⑤ **制作关键**

(1)将草鱼饿养1～2天,促使其排尽草料及泥土味,使鱼肉结实,以宰后1小时左右余制为最佳。

(2)剖洗鱼时要防止弄破苦胆。剞刀时,刀口间隔、深度要均匀一致。

(3)控制好火候,余鱼要沸水落锅,水不要漫过鱼鳍,不能久滚,以免肉质老化和破碎。

(4)勾芡要掌握好厚薄,应一次勾成。

(5)调味正确,口感要先微酸而甜,后咸鲜入味。

⑥ **成品特点**　色泽红亮,酸甜适宜,鱼肉结实,鲜美滑嫩,有蟹肉滋味,是杭州传统风味名菜。

⑦ **代表菜肴**　西湖醋鱼等。

三、滑熘——滑熘鱼片

滑熘,就是将加工成片、丝、条、丁、粒、卷等小型或剞花刀的原料,经过腌制、上浆、滑油成熟后,再调制甜酸卤汁勾芡成菜的一种熘制技法。滑熘菜肴的特点是洁白滑嫩,口味以咸鲜为主。现以滑熘鱼片为例,介绍滑熘的操作流程。

① **工艺流程**　刀工成形→腌制上浆→下锅滑油→勾芡→成菜装盘。

② **主配料**　鲜活草鱼1条(约700克),鸡蛋1个。

③ **调味料**　盐4克,料酒5克,味精1.5克,葱段10克,姜片10克,白糖20克,米醋20克,酱油10克,湿淀粉30克,色拉油750克(约耗50克)。

④ **制作步骤**

(1)改刀处理:将鱼肉去皮,切成长4厘米、宽2厘米、厚0.3厘米的片,用清水漂洗干净,捞出沥干。

（2）腌制：鱼片中加入盐、姜片、葱段腌制10分钟；挑去葱、姜，加入蛋清抓拌至有黏性，再加入湿淀粉20克拌匀上劲。

（3）滑油：锅置中火上烧热，用油滑锅后，加入色拉油，烧至四成热时，倒入鱼片轻轻划散，至发白时捞起，沥干油。

（4）勾芡：原炒锅置中火上，加入少量水、白糖、酱油、米醋，沸腾后用湿淀粉勾芡，放入鱼片，用炒勺轻轻推匀，淋上明油即成。

（5）装盘：倒入盘中，成菜上席。

改刀处理

腌制上浆

锅烧热用油滑锅

滑油

勾芡

成菜装盘

⑤ 制作关键

（1）滑熘类菜肴所使用的原料须以无骨的鲜嫩原料为主。

（2）刀工处理方面须加工成片、丝、条、丁等小型原料或剞花刀。

（3）须经过调味腌制后，再用蛋清、淀粉上浆。

（4）鱼片滑油时务必掌握好成熟度，以防鱼肉破碎；下入四成热左右的油锅中，滑油至八成熟。

（5）口味要求轻糖醋味，芡汁较宽，色泽要求鱼肉洁白、芡汁粉红。

⑥ 成品特点　色泽淡红明亮，芡汁均匀略长，口味酸甜，鱼片滑嫩。

⑦ 代表菜肴　滑熘肉片、滑熘鸡片、滑熘鱼片等。

任务三　爆

→ 主题知识

一、爆的概念

爆是指将脆嫩的动物性原料，经刀工处理后，投入中等油量的热油锅（150～180 ℃）或沸水、沸汤中用旺火快速成熟的一种烹调方法。

根据加热介质、调味料及烹制方法的不同，爆可分为油爆、汤爆、水爆、芫爆、酱爆、葱爆等。

二、制作关键

（1）选用的原料应为质地脆嫩、易熟的动物性原料，刀工成形以小块、段为主。

（2）旺火热油，快速爆炒至原料成熟，烹入调味芡汁，紧汁亮油。

三、成菜特点

形态美观，质感脆嫩，汁芡紧包，味型各异。

→ 典型案例

一、油爆——爆炒腰花

油爆时，先将刀工处理的动物性原料入沸水略烫，沥干水分，随即在旺火热油锅中过油至七成熟，再起油锅，将配料煸炒后投入主料，加入调味芡汁，颠翻均匀成菜即可。现以爆炒腰花为例，介绍油爆的操作流程。

爆炒腰花

❶ 工艺流程　初加工处理→漂洗→过油→油爆→装盘。

❷ 主配料　猪腰 2 只（约 250 克），水发木耳 15 克，冬笋 75 克，姜 2 克，大葱 10 克，红椒 5 克。

❸ 调味料　肉汤 50 克，盐 2 克，料酒 15 克，味精 2 克，蒜片 2 克，湿淀粉 15 克，酱油 10 克，色拉油 1000 克（约耗 50 克）。

❹ 制作步骤

（1）初加工处理：猪腰去腰臊洗净，在表面剞上麦穗花刀，改刀成长 4 厘米、宽 2 厘米的小块。冬笋切薄皮，大葱切马蹄片，红椒切成菱形片，水发木耳切成片。

（2）漂洗：将猪腰浸在葱姜水中漂去血水，用盐、料酒、湿淀粉上浆。

（3）过油：旺水热油锅，烧至八成热时，将腰花投入过油爆熟，捞出沥干油。

（4）油爆：锅置旺火上，倒入色拉油少许烧热，用葱、姜煸出香味，投入配料略炒，放入腰花并烹入调好味的碗汁芡，翻匀收汁，淋上明油。

（5）装盘：出锅装盘。

初加工处理

漂洗沥干，腌制上浆

过油

沥油，配料炒出香味，下腰花

烹入碗汁芡翻炒

成菜装盘

⑤ 制作关键

（1）选择新鲜的猪腰为主料，去外膜并将猪腰内的腰臊去除干净。

（2）刀工处理：原料成形应大小相同，剞刀应深浅一致、刀距相等；剞麦穗花刀时，要从猪腰内侧剞，先直刀后斜刀剞，两次刀纹深度为原料的三分之二，刀距0.2厘米，再改刀成长方块。

（3）猪腰须上薄浆，用八成热高油温旺火速成，控制好火候，确保成菜脆嫩。

（4）以咸鲜味应用较多，使用碗汁芡，成菜紧芡亮油。碗汁芡是油爆的特色，成菜要求芡汁紧包，见油不见汁。

⑥ 成品特点　色泽美观，鲜香脆爽，形如麦穗，质感脆嫩，咸鲜可口。

⑦ 代表菜肴　爆炒腰花等。

二、汤爆——汤爆双脆

将主料先用沸水焯至半熟放入盛器内，再用调好味的沸汤冲熟即为汤爆。现以汤爆双脆为例，介绍汤爆的操作流程。

① 工艺流程　改刀（剞花刀）→烫熟→汤爆→装盘。

② 主配料　猪肚尖2个，净鸡胗100克，香菜3克，葱花1克。

③ 调味料　料酒25克，酱油5克，盐2克，葱姜汁5克，胡椒粉0.3克，味精2克，清汤750克。

④ 制作步骤

（1）改刀：将加工处理后的猪肚尖，对半剖开后外面剞上十字花刀，深为肚厚的三分之二，改刀为3厘米见方的块；另将净鸡胗修理整齐后，剞上十字花刀，深三分之二，放入碗中待用。

（2）烫制：将主料用沸水焯至半熟后捞入器皿内；焯水时动作要快，一烫即出锅。

（3）汤爆：炒锅内放入清汤、酱油、盐、葱花、料酒，置旺火上烧沸，撇去浮沫，加味精、胡椒粉。

（4）装盘：倒入汤碗内迅速上桌；上桌后将主料推入汤内即成。

初加工处理

改刀

沸水焯至半熟

摆入碗内

沸汤冲泡

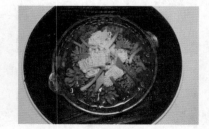
成菜

⑤ 制作关键

（1）选用新鲜质嫩的猪肚尖和鸡胗。猪肚尖批开剥去外皮，去掉里面的筋杂。

（2）原料必须剞上花刀。

（3）将主料用沸水焯至半熟后捞入器皿内；焯水时动作要快，一烫即出锅，以达到去腥的目的。

（4）冲熟时,易熟的原料一冲即成,不易成熟的要多冲几次。汤爆是用调好味的沸汤冲熟;水爆则是用无味的沸水冲熟,另备调味料蘸食之。

❻ 成品特点　色泽美观,质地脆嫩,汤味清鲜。

❼ 代表菜肴　汤爆双脆。

任务四　炒

→ **主题知识**

一、炒的概念

从一般意义上讲,炒是将小型原料放入加有少量油的热锅里,以旺火迅速翻拌,调味,勾芡,使原料快速成熟的一种烹调方法。

炒的分类方法很多,不同的类型有不同的标准。一般可从以下几个角度分类。

（1）按技法可分为煸炒、滑炒、软炒。

（2）按原料性质可分为生炒和熟炒。

（3）按地方菜系可分为清炒、爆炒、水炒。

二、制作关键

（1）旺火速成,紧油包芡,光润饱满。

（2）以翻炒为基本动作,原料在锅中不停运动,多角度受热,同时防止焦煳。

（3）烹制时以油等介质润滑,且炒制时油温要高,以便起到充分润滑和调味的作用,在北方地区炒制前需要用葱、姜炝锅。

三、成菜特点

汁紧芡少,味型多样,质感滑嫩或软嫩、脆嫩、干酥。

→ **典型案例**

一、滑炒——滑炒鸡丝

滑炒鸡丝

滑炒是将经过精细加工的小型原料上浆滑油,再用少量油在旺火上急速翻炒,最后以勾芡的方法制熟成菜的烹饪技法。现以滑炒鸡丝为例,介绍滑炒的操作流程。

❶ 工艺流程　刀工处理→腌制上浆→滑油→炒制、勾芡→装盘。

❷ 主配料　鸡脯肉 300 克,青椒 50 克,红椒 50 g,鸡蛋 1 个。

❸ 调味料　盐 3 克,味精 3 克,料酒 10 克,湿淀粉 30 克,清汤 50 克,色拉油 750 克（实耗 75 克）等。

❹ 制作步骤

（1）刀工处理:取鸡脯肉 300 克,青椒 50 克,红椒 50 克,鸡蛋 1 个,先将鸡脯肉用刀批成 0.3 厘米厚的大片,再直刀切成 0.3 厘米粗、8 厘米长的细丝;青椒、红椒也切成与鸡丝相近的细丝备用。

（2）腌制上浆:在鸡丝中加入盐 2 克、适量料酒、味精 2 克抓匀,用蛋清、湿淀粉 20 克上浆,静置 30 分钟。

（3）滑油：炒锅烧热，加入色拉油，至油温三成热时，下入鸡丝，用筷子拨散，待鸡丝转白断生时捞出控油备用。

（4）炒制、勾芡：炒锅留油少许，下入青、红椒丝煸炒，加入清汤、盐1克、味精1克，加热至沸时勾薄芡。待芡汁糊化至透明时下入鸡丝和青、红椒丝，翻拌均匀，淋明油。

（5）装盘：捞出沥油，装盘；上桌随带一碟花椒盐或番茄沙司。

刀工处理

腌制上浆

滑油

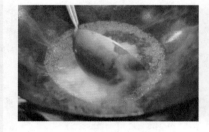
炒制

勾芡

成菜装盘

⑤ 制作关键

（1）选料：应选择质地细嫩的鸡脯肉和新鲜的青椒。

（2）上浆：一般在加热前15分钟左右进行，动作一定要轻，防止抓碎原料。当浆已均匀分布于原料各部分时，动作再稍快一些，利用机械摩擦作用促进浆水渗透。

淀粉的用量合适，以原料加热后在浆的表面看不到肉纹为宜。

（3）油温控制恰当：滑油时油温一般控制在130 ℃左右。如果温度过高，会使原料的鲜味和水分迅速挥发，质地变老，色泽褐暗。原料应分散下锅或及时拨散，可使菜肴清爽利落，不粘连，缩短烹调时间。

（4）勾芡准确：烹入芡汁或味汁，应从菜肴四周浇淋，并待芡汁中的淀粉充分糊化，才能翻炒颠锅，使芡汁紧裹菜肴，炒菜的油脂也会慢慢亮出。

⑥ 成品特点 色泽洁白，质地滑嫩，芡汁紧裹。

⑦ 代表菜肴 滑炒鱼片、钱江肉丝、滑炒鸡丝。

二、煸炒——香干肉丝

煸炒是将小型的不易碎断的原料，用少量油在旺火中短时间烹调成菜的方法。成菜鲜嫩爽脆、本味浓厚，汤汁很少。现以香干肉丝为例，介绍煸炒的操作流程。

❶ 工艺流程 初加工处理→煸炒→调味→装盘。

❷ 主配料 猪腿精肉150克，香干50克，韭芽30克。

❸ 调味料 料酒10克，酱油5克，白糖3克，味精3克，色拉油50克，麻油2克。

❹ 制作步骤

（1）初加工处理：将猪腿精肉切成8厘米长、0.3厘米粗的细丝，香干切成相应的细丝，韭芽

Note

切段。

（2）煸炒：炒锅洗净置火上，用油滑锅后放少量油，加热至五成热时放入肉丝煸透，再放入香干丝煸炒，最后投入韭芽煸香。

（3）调味：烹入料酒、白糖、酱油煸炒片刻，加入味精，淋上麻油，翻炒均匀。

（4）出锅装盘。

改刀处理

锅烧热用油滑锅

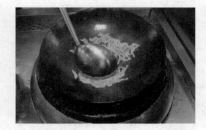
放入肉丝煸炒

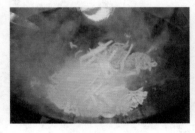
放入香干丝煸炒

放入韭芽煸炒，调味

装盘

❺ **制作关键**

（1）应选择新鲜质嫩的猪腿精肉和香干，加工成丝状，长短一致、粗细均匀。

（2）操作中使用旺火热油、高温快炒。

（3）在烹调过程中调味，翻炒均匀，使原料受热一致，快速渗透入味成菜。

❻ **成品特点**　色泽红亮、质地干香。

❼ **代表菜肴**　煸炒牛肉、香干肉丝。

三、软炒——芙蓉鱼片

软炒又称湿炒、推炒、泡炒，是将主要原料加工成泥状后，用汤或水调制成液态，加米粉或淀粉、蛋清、调味料，放入少量油的锅中炒制成熟的烹调方法。成菜质嫩软滑，味道鲜美，清淡爽口。现以芙蓉鱼片为例，介绍软炒的操作流程。

❶ **工艺流程**　制作鱼泥→舀制鱼片→勾芡→出锅装盘。

❷ **主配料**　净鱼肉 200 克，青椒 15 克，红椒 15 克，鸡蛋 1 个。

❸ **调味料**　姜汁水 10 克，料酒 2 克，盐 8 克，味精 2 克，湿淀粉 120 克，白汤 150 克，色拉油 1000 克（实耗 75 克）。

❹ **制作步骤**

（1）制作鱼泥：净鱼肉去皮，用刀刮取鱼肉，用清水漂洗尽血水，用搅拌机将鱼肉打磨成鱼泥，再用细筛过滤。加姜汁水、料酒、盐、味精、蛋清和清水，搅上劲，再加入湿淀粉和色拉油，静置 20 分钟。

（2）舀制鱼片：将炒锅置火上，下油，中火烧至三成热时，用手勺将鱼泥分次均匀地成片状舀入油锅，当鱼片浮起时，捞出控尽油。用开水漂净鱼片。

（3）勾芡：炒锅留底油加热，放入料酒、白汤、青椒片、红椒片，加盐、味精，用湿淀粉勾芡。将鱼片倒入锅中,推勺,使芡汁均匀粘裹在鱼片外表。

（4）出锅装盘：淋上明油,出锅装盘。

刮取鱼肉,漂洗干净

搅打鱼肉成鱼泥

舀制鱼片

开水漂净

勾芡

成菜装盘

⑤ 制作关键

（1）选用结缔组织少、质地鲜嫩、色泽白净的原料,如鸡蛋、鸡脯肉、虾仁等。

（2）为保证细嫩的质感和洁白的色泽,要将原料浸泡去血水,并过筛去净筋膜。

（3）掌握好原料、水、淀粉、蛋清的比例,准确调味。

（4）要掌握火候,火力过猛易造成焦煳,火力过小不易成熟;油温控制在三成热左右,保证菜肴质地软嫩。

（5）炒制速度要快、轻,不宜多搅动,否则会造成稀化现象。

⑥ 成品特点　色泽洁白、质感软嫩。

⑦ 代表菜肴　大良炒鲜奶、炒豆泥、芙蓉鸡片、三不粘等。

任务五　烹

 主题知识

一、烹的概念

烹是将加工处理的小型主料,拍粉、挂糊后,经炸制加热成熟,再放入调味料或预先兑好的调味清汁(不加淀粉)快速翻炒成菜的烹调方法。根据成熟方式可分为炸烹、煎烹等类型。

二、制作关键

（1）带有小骨头、薄壳的原料要两面剞刀或拍松,改刀成小段或小块状。

（2）烹制菜肴的原料多需进行拍粉、挂薄糊或上浆等处理。

（3）主料炸制时,应注意控制油温,油温过高或过低都会影响菜肴的质感。

（4）所用的调味汁一般是清汁(不加淀粉勾芡);调味清汁应在烹制前根据主料的多少来配制。

烹汁的量要恰到好处,以主料刚好将汁吃尽或略有余汁为宜。

三、成菜特点

烹是炸制法的进一步深化或转变。烹最大的特点是"逢烹必炸",也就是说烹制的原料都必须先经过油炸或油煎成熟,成菜微有汤汁、不勾芡。

典型案例

炸烹鸡丝

烹——炸烹鸡丝

烹制的菜肴一般选用细嫩新鲜的动物性原料,如猪肉、仔鸡、鱼肉、虾、牛蛙等。刀工处理上一般是剞刀改段或条块状。多用洋葱、姜末、蒜泥或葱花炝锅后再下原料。所用的调味汁一般是清汁(不加淀粉勾芡)。现以炸烹鸡丝为例,介绍烹的操作流程。

❶ **工艺流程** 改刀处理→腌制调味→拍粉、炸制→烹汁→装盘。

❷ **主配料** 鸡脯肉 250 克,干淀粉 60 克。

❸ **调味料** 色拉油 1000 克(约耗 75 克),糖 20 克,米醋 20 克,料酒 4 克,盐 2 克,酱油 15 克。

❹ **制作步骤**

(1)改刀处理:将鸡脯肉批成 0.3 厘米厚的片,再切成 8 厘米长的丝备用。

(2)腌制:将鸡丝用盐 2 克、料酒 2 克腌制 5～6 分钟。

(3)调制味汁:将糖 20 克、米醋 20 克、酱油 15 克、料酒 2 克调成味汁待用。

(4)拍粉、炸制:炒锅置旺火上,加入色拉油烧至六成热时,将鸡丝拍上干淀粉,入油锅炸至金黄色、表皮酥脆时捞出沥油。

(5)烹汁:将炸好的鸡丝重新回锅,随即将味汁烹入颠翻均匀。

(6)装盘:码堆成宝塔形。

改刀处理

腌制 5～6 分钟

调制味汁

拍上干粉炸制

烹入味汁

成菜装盘

❺ **制作关键**

(1)改刀处理时,原料长短、粗细要均匀一致。

(2)油炸前先抖去多余的干淀粉,炸制时必须使鸡丝表面酥硬。

（3）调制味汁时不加湿淀粉。

⑥ 成品特点 口感外脆里嫩，口味酸甜合适，丝粗细均匀。

⑦ 代表菜肴 炸烹里脊、炸烹鸡丝。

任务六 煎

 主题知识

一、煎的概念

煎是将主料调味加工成扁平状，然后以少量油为传热介质，用中小火慢慢加热至两面金黄（也可一面金黄），使菜肴达到鲜香脆嫩或软嫩效果的一种烹调技法。煎既是一种独立的烹调方法，也是一种辅助烹调方法。

二、制作关键

（1）原料一般为扁平状或加工成扁平状，也可加工成泥状。

（2）煎制菜肴进行糊浆处理时应厚薄均匀，达到增强菜肴软嫩和松脆的效果。

（3）火候和时间的掌握要恰到好处，一般用中小火煎至两面金黄。

三、成菜特点

两面金黄（也可一面金黄），菜肴鲜香脆嫩或软嫩。

 典型案例

煎——香煎豆腐

现以香煎豆腐为例，介绍煎的操作流程。

① 工艺流程 刀工成形→腌制→煎制→成菜装盘。

② 主配料 肥膘肉 200 克，蒜末 50 克，鸡蛋 2 只，老豆腐 5 块等。

③ 调味料 色拉油 1.5 千克，盐 2 克，白糖 10 克，料酒 20 克，淀粉 75 克，味精 3 克等。

④ 制作步骤

（1）改刀处理：将老豆腐切成 5 厘米×3 厘米×0.8 厘米的长方块。

（2）腌制：在豆腐块上均匀撒上盐腌制 5 分钟。

（3）煎制：锅烧热，用油滑锅，将豆腐块整齐排放到锅里，用中火煎制，待豆腐块煎至一面金黄色时，将其翻面，另一面也煎至金黄色。炒香青、红椒粒。

（4）装盘跟味碟：出锅装盘，排列整齐；随带一碟辣椒酱上桌。

⑤ 制作关键

（1）以中小火为主，以免影响色泽。

（2）油温要适中，不能过高或过低，否则会影响菜品质量。

⑥ 成品特点 色泽金黄、口感软嫩。

⑦ 代表菜肴 煎荷包蛋、生煎肉饼。

切成 5 厘米×3 厘米×
0.8 厘米的长方块

腌制 5 分钟

锅烧热,用油滑锅

煎至两面金黄

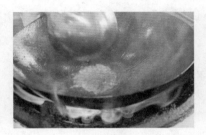

炒香青、红椒粒

成菜装盘

任务七　贴

主题知识

（一）贴的概念

贴是将两种或两种以上加工成片形或饼状的主料,腌制后粘贴在一起,经挂糊（多数挂糊）后,用少量油一面煎至金黄色酥脆,另一面不煎而成菜的一种烹调方法。

（二）制作关键

（1）贴菜的主料一般分为数层,故成形时力求大小、厚薄一致。

（2）贴菜制作时,口味以清香咸鲜为主,须在烹调前一次性准确调味。

（3）贴制时,应注意火候的运用,成品要求一面酥脆,另一面软嫩,宜用中火或小火,并且要不停地晃动炒勺和往主料上浇油,以使主料均匀受热、成熟一致。

（三）成菜特点

贴制菜肴的特点是制作精细,一面酥脆,另一面鲜嫩,口味咸鲜。贴主要适用于动物性类原料。如鱼肉、肥膘肉、瘦肉、鸡脯肉等。

典型案例

贴——锅贴鱼块

现以锅贴鱼块为例,介绍贴的操作流程。

❶ **工艺流程**　原料准备→刀工处理→腌制上浆→贴叠成形→小火煎制→烹汁"养"熟→出锅

装盘。

❷ **主配料** 新鲜净鱼肉(鳜鱼)250 克,熟猪肥膘肉 200 克,虾仁 80 克,荸荠 80 克,火腿 50 克,鸡蛋 1 只(约 70 克),香菜 10 克,干淀粉 20 克。

❸ **调味料** 盐 4 克,料酒 10 克,味精 3 克,白糖 3 克,胡椒粉 3 克,醋 5 克,香油 5 克,湿淀粉 15 克,熟猪油(炼制)60 克等。

❹ **制作步骤**

(1) 初加工处理:鳜鱼洗净取鱼肉并去鱼皮,批成长 5 厘米、宽 3 厘米、厚 0.5 厘米的片;熟猪肥膘肉批成长 5 厘米、宽 3 厘米、厚 0.5 厘米的片;两种片形状、数量相同。火腿切成末备用。

(2) 腌制:鸡蛋打开,蛋清、蛋黄分开打散拌匀。鱼片加入盐、料酒、味精、胡椒粉、蛋清等捏上劲后,再加少许湿淀粉拌匀上浆。虾仁剁成泥,加入盐、料酒、白糖、胡椒粉、蛋清、湿淀粉和少许清水,沿着一个方向充分搅拌上劲。

(3) 制锅贴鱼片生坯:将每片熟猪肥膘肉片平摊在砧板上,拍上干淀粉,铺上一层搅拌好的虾泥,将鱼片盖上,制成锅贴鱼片生坯,上面再放上香菜叶和火腿末。

(4) 拖蛋黄糊煎制:炒锅置中火上,下入熟猪油烧至五成热时,将拖上蛋黄糊的生坯(猪肥膘肉面朝下)下锅,煎约 1 分钟。

(5) 微火"养"熟:用微火"养"3 分钟至熟,滗出油;烹入适量料酒和醋。

(6) 装盘:出锅,整齐地装入平盘,两边点缀上香菜即成。

初加工处理

腌制

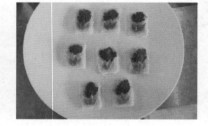
制锅贴鱼片生坯

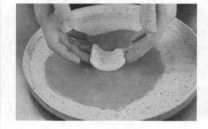
拖蛋黄糊煎制

微火"养"熟,调味

成菜装盘

❺ **制作关键**

(1) 鱼肉选用新鲜的鳜鱼、黑鱼、鳕鱼等。

(2) 煎制时火不要太大,要用小火,养时用微火。

(3) 贴制时间以鱼肉成熟为度,注意不要碰碎鱼肉。

❻ **成品特点** 色泽金黄、香脆软嫩、肥美而不腻。

❼ **代表菜肴** 锅贴鱼片、锅贴豆腐。

任务八　锅　塌

→ 主题知识

（一）锅塌的概念

锅塌是将加工成形的主料用调味料腌制，经拍粉挂糊（一般用鸡蛋糊或鸡蛋液）后，用油煎至两面金黄，再放入调味料和少量汤汁，用小火塌尽（收浓）汤汁或勾芡淋明油成菜的一种烹调方法。

（二）制作关键

（1）主料成形不宜过厚、过大、过长。

（2）底油、汤汁用量不宜过多。

（3）烹制时间不要太长，防止脱糊。

（4）宜在短时间内收尽汤汁。

（三）成菜特点

锅塌菜肴的特点是色泽黄亮、软嫩香鲜、滋味醇厚。锅塌菜肴主要采用动、植物性原料，如瘦肉、鱼肉、菠菜心、芦笋、豆腐等。

→ 典型案例

现以锅塌豆腐为例，说明锅塌的操作流程。

❶ **工艺流程**　改刀处理→腌制、拍粉、拖蛋液→调味收汁→出锅装盘。

❷ **主配料**　豆腐1盒，干淀粉25克，鸡蛋1只等。

❸ **调味料**　盐5克，味精3克，葱花、姜末各10克等。

❹ **制作步骤**

（1）改刀处理：将豆腐切成5厘米长、3厘米宽、0.8厘米厚的块，平摊在盘中。

（2）腌制：撒上少许盐、味精、葱花、姜末腌10分钟。

（3）两面煎黄：豆腐逐片两面拍上干淀粉（可混一些面粉），然后拖上蛋液，再入温油锅煎至两面金黄色，捞出。

（4）调味收汁：锅中留少许油，加入葱花、姜末爆香，然后加入豆腐、清汤，适量盐、味精，大火将汤煮开后，改小火将汤汁收干，即可装盘。

（5）出锅装盘：排叠整齐成瓦楞状。

锅塌豆腐

改刀处理

腌制10分钟

Note

拍粉

拖蛋液

煎至两面金黄

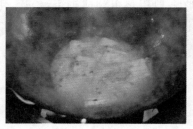
调味收汁

成菜装盘

❺ **制作关键**

（1）豆腐片要切得大小薄厚一致，不宜过厚、过大、过长。

（2）底油、汤汁用量不宜过多。

（3）烹制时间不要太长，防止脱糊。

（4）制作锅塌豆腐时要用微火慢慢塌制，宜在短时间内收尽汤汁。

❻ **成品特点**　色泽金黄、口味清鲜、口感软嫩，别具风味。

❼ **代表菜肴**　锅塌豆腐、锅塌里脊、锅塌菠菜等。

| 课堂活动——课程思政模块 |

　　2012 年 5 月 14 日，中新网以"'油条哥'自备验油勺卖良心油条　称卖的是生活"为标题，首次给河北省保定市刘洪安冠以"油条哥"的称谓进行公开宣传报道，引起极大反响。2013 年 7 月，刘洪安事迹在各大媒体公示，以"诚实守信道德模范候选人"入围第四届全国道德模范候选人。其道德点评为：没有炒作，没有创新，没有秘方，只有良心，只有诚信，只有责任。

　　谈一谈作为新一代的厨师，如何有意识地培养自己敬业、负责、认真的工作态度；"炸"出食品安全的本质；"炸"出消费者期待的食品安全境界。另外，谈一谈如何使中国的厨师成为中国形象的体现者、中国故事的传播者和中国文化的代言人。

项目七

汽烹法

扫码看课件

Note

项目描述

　　由于原料的质地、形态各异,因此,菜肴在色、香、味、形、质诸方面的要求也各不一样。运用不同烹调方法的目的是使主料、配料之间发生复杂的理化反应,进而形成不同的风味特色,特别是活的海鲜类原料采用蒸的烹调方法效果极佳。

项目目标

　　1.掌握以蒸汽为主要传热介质的烹调方法。
　　2.掌握以蒸汽为传热介质使原料成熟的原理。
　　3.能运用蒸的方法制作不同的菜品。

项目内容

```
汽烹法——蒸的分类
    ├── 清蒸
    ├── 粉蒸
    └── 旱蒸
```

任 务 蒸

→ 主题知识

一、蒸的概念

　　蒸是以蒸汽为主要传热介质的烹调方法,直接使原料成菜。在新石器时代,人们就已懂得用蒸汽作为传热介质蒸制食物的原理,《齐民要术》里,记载了蒸鸡、蒸羊、蒸鱼等方法,宋代以后相继出现了裹蒸法、酒蒸法,明清代以后有粉蒸法。

二、制作关键

　　(1)蒸菜的原料必须特别新鲜。

蒸菜对原料要求极为苛刻,任何不鲜不洁的原料,蒸制后缺陷都将暴露无遗。因此蒸菜对原料的形态和质地要求严格,原料必须新鲜、气味醇正。

(2)掌握好火候。

通常制作蒸菜时,对火候的掌握非常重要,蒸得过老、夹生都不行。将经过调味后的食品原料放在器皿中,再置入蒸笼中,利用蒸汽使其成熟。根据火候的不同,蒸可分为猛火蒸、中火蒸和小火蒸三种。

①猛火蒸:这种方法适用于原料质地鲜嫩,蒸熟即可的菜肴,只要蒸熟,不要蒸酥烂。一般应采用旺火沸水,满汽速蒸,加热时间根据原料性质而定,短的4~5分钟,最长不超过15分钟,以断生为度。如清蒸鱼、蒜蓉蒸虾、北菇蒸滑鸡等。

②中火蒸:这种方法适用于原料质地老、形大需蒸制酥烂的菜肴,蒸的时间应视原料老嫩而定,短的1~2小时,长的3~4小时。总之要蒸到原料酥烂为止,保持肉质酥烂肥香,如香酥鸡、粉蒸肉、酒蒸鸭子等。

③小火蒸:这种方法适用于原料质地较嫩或较细致、加工需保持造型的菜肴,如蒸水蛋等。

此外,根据原料的性质、形态和菜肴的不同要求,还可分为低压汽蒸(放汽蒸)、常压汽蒸(原汽蒸)或高压汽蒸。现代酒店都使用蒸柜、蒸箱、蒸烤箱,蒸的温度可以调控。

(3)放置的上下次序。

同时蒸制多种菜肴时,应根据原料的质地、气味、颜色以及汤汁的多少安排好上下次序,色重的放底层,色浅的放上层,汤汁多的要拿锡纸包封口或加盖。

三、蒸的特点

(1)蒸(也称汽蒸)可保持原料的形态完美,色泽艳丽。

原料经加工后摆成一定的形状放入蒸锅,在封闭状态下加热,由于无翻动、无较大冲击,所以成品或半成品可以保持入蒸锅时的状态,蒸是烹调方法中一个重要的技法,应用的范围很广,既能单独成菜,又能配合其他烹调方法,操作简单,实用性强。

(2)蒸制过程中水量充足,保证蒸汽湿度达到饱和。

采用蒸的方法烹制菜肴,可保持原料的原汁、原味和营养成分。由于蒸笼内的湿度已达到饱和状态,整个加热过程中不存在过高的温度(温度仅在120 ℃左右),菜肴中的汤汁、水分不蒸发,因此,蒸能避免原料中的营养素在高温缺水状态下遭受破坏。这种热处理不会导致脂溶性、水溶性营养素及呈味物质的流失,使原料具有较佳的呈现效果,能够使蒸制成熟的菜肴既保持原料的原汁鲜味和营养成分,又能使菜肴的造型不变,故而一些花色艺术造型菜采用蒸的方法烹制而成。

四、蒸的分类

蒸可以分为清蒸、粉蒸、旱蒸三类。

(1)清蒸:将单一口味(咸鲜味)原料直接调味蒸制的技法,成品汤清、味鲜、质地嫩。

(2)粉蒸:将加工腌制调味后的原料,黏上一层熟米粉蒸制成熟的技法。

(3)旱蒸:旱蒸又称扣蒸,是指原料经过加工切配调味后直接蒸制成菜的烹调方法。

典型案例

一、清蒸——清蒸鲈鱼

清蒸是指将单一原料直接调味(单一口味,咸鲜味)蒸制,成品汤清、味鲜、质地嫩的烹调方法。清蒸类菜肴要选择鲜活原料,清蒸的方法归纳起来有下列三种:一是蒸后浇芡法,即原料经加工并调味后蒸熟,再浇淋清芡而成菜的方法。二是蒸后浇汁法,即原料一般不调味,只配葱段、姜片等,蒸熟后再浇红汁而成菜的方法。三是清汤蒸制法(上汤蒸),即原料经水氽透后,再加清汤和盐等无色调味料蒸制成菜的方法。清蒸菜基本为原料本色,汤汁颜色也较浅;口味鲜咸醇厚,清淡爽口;质地松软、细嫩。

现以清蒸鲈鱼为例,介绍清蒸的操作流程。

❶ **工艺流程**　原料准备→改刀→腌制→蒸→调味→成菜装盘。

❷ **主配料**　鲈鱼 500 克,葱 50 克,姜 15 克,香菜 2 克。

❸ **调味料**　生抽 20 克,老抽 10 克,味精 2 克,鱼露 5 克,美极鲜 5 克,胡椒粉 1 克等。

❹ **制作步骤**

(1)改刀:鲈鱼宰杀洗净,鱼背部切一刀。

(2)腌制:把鲈鱼用盐里外抹均匀,加料酒、葱段、姜片腌制 10 分钟。

(3)蒸:放入蒸箱蒸 7 分钟(如果用蒸笼,则沸水放入)。

(4)调味:将锅加油放入姜片、葱段爆香,加水,放入老抽、生抽、盐、味精、鱼露、美极鲜。

(5)浇热油,倒入鱼汁,装盘。

清蒸鲈鱼

原料准备

改刀

腌制

蒸

制鱼汁

浇热油

倒入鱼汁

成品

❺ **制作关键**

(1)鱼要新鲜,重量不要超过 750 克。

(2)蒸制时间为 7~8 分钟,时间不宜过长,防止变老。

❻ **成品特点**　鱼肉鲜嫩,色泽明亮。

❼ **代表菜肴**　清蒸鲴鱼、清蒸鲥鱼、清蒸鳜鱼、生蒸羊肉等。

⑧ **思考**

（1）选用的鱼为何不要太大？

（2）清蒸鱼为何要改刀？

二、粉蒸——粉蒸肉

粉蒸肉

粉蒸是将原料调味拌匀后粘裹上一层炒香大米（磨成米粉或面粉）后再蒸的技法。制米粉时，一般将大米加香料用小火炒至微黄（切忌用旺火炒），晾凉再磨成粗粉（有的加五香调味料或其他调味料）。粉蒸的调味料一般有酱油、香油、豆瓣酱、料酒、白糖、葱、姜等，南方地区还加入红方腐乳汁。

① **工艺流程**　改刀→腌制→炒米→碾碎→拌匀→蒸→成菜→装盘。

② **主配料**　猪五花肉 500 克，大米 150 克，葱 20 克，姜 10 克等。

③ **调味料**　生抽 20 克，豆瓣酱 10 克，味精 2 克，白糖 5 克，香油 5 克，料酒 10 克，辣椒酱 5 克，甜面酱 8 克等。

④ **制作步骤**

（1）改刀：将猪五花肉刮洗干净，切成 10 厘米长、4 厘米宽、3 厘米厚的片，装入盆中。

（2）锅内加油放入葱、姜爆香，加入辣椒酱、甜面酱、料酒、盐、生抽、豆瓣酱，炒香后和肉片拌匀腌制。

（3）另起锅加香料，炒米至微黄时捞出，去掉香料，碾碎。把碾碎好的米粉和肉片拌匀，皮朝下放入碗中蒸熟，扣入盘中即可。

原料准备

猪五花肉切片

炒料

炒好的料和肉片拌匀腌制

炒米

碾米

皮朝下装入碗内

蒸制

⑤ **制作关键**

（1）要选用猪五花肉，且要将肉皮刮洗干净。

扣盘　　　　　　　　　　　　　　成品

（2）调味腌制时，调味要准确，不要太咸。

（3）上笼蒸制时要用旺火一次蒸制成熟。

❻ 成品特点　色泽红亮，鲜咸微辣，醇香味厚，软糯化渣。

❼ 代表菜肴　荷叶粉蒸肉、粉蒸牛肉、粉蒸羊肉（用面粉）等。

❽ 思考

（1）采用大米和糯米有何区别？

（2）粉蒸肉蒸制时需要加水吗？

三、旱蒸——梅干菜扣肉

梅干菜扣肉

旱蒸的菜品形态完整、原汁原味、鲜嫩软烂。旱蒸的菜品分为两类：一是将动物性原料洗涤干净后焯水，走红再加工成条、块、片状，调味蒸制的菜品；二是用芭蕉叶、荷叶、竹叶等将腌制入味的原料包裹起来蒸制的菜品，如荷叶粉蒸肉、荷香蒸仔鸡。

❶ 工艺流程　原料准备→改刀→煮→走红→切片→炒制→蒸制→成菜→装盘。

❷ 主配料　猪五花肉 1000 克，梅干菜 200 克。

❸ 调味料　生抽 20 克，老抽 10 克，味精 2 克，蚝油 5 克，白糖 8 克，葱 5 克，姜 8 克，南乳 15 克，五香粉 5 克，柱侯酱 20 克，蒜 30 克等。

❹ 制作步骤

（1）姜切片，葱切段。将猪五花肉洗净放入开水锅中，加料酒放入葱段、姜片，用中火煮熟，走红后切片备用。

（2）炒制：锅中加油放入蒜米，炒黄时加入南乳、柱侯酱、生抽、老抽、五香粉、盐、味精、白糖、蚝油、料酒，放入肉片炒制，炒出油时捞出，皮朝下放入碗中。

（3）将洗干净的梅干菜放在锅内炒干。

（4）把炒好的梅干菜放在肉片上，放葱段、姜片蒸制 2 小时，扣入盘内即可。

　　　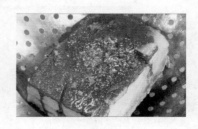

梅干菜扣肉用料　　　　　　　煮肉　　　　　　　　　　走红

❺ 制作关键

（1）肉要新鲜，煮肉时间不宜过长，断生即可。

（2）蒸制时间保证 2 小时。

❻ 成品特点　色泽棕红，鲜香适口，软糯醇香。

❼ 代表菜肴　咸烧白、梅子蒸排骨、腊味合蒸。

切片

炒料

放入肉片炒制

炒梅干菜

炒好肉片装碗

炒好的梅干菜放在肉片上

蒸

扣入盘内

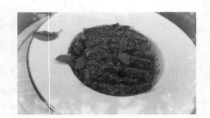

成品

| 课堂活动——课程思政模块 |

新石器时代就出现了蒸的方法,结合古人生活饮食、生活条件入手,谈一谈如何在逆境中生存。

课堂讨论:(1)如何在逆境中生存。

(2)在困难中自己该如何做。

同步测试

一、填空题

(1)蒸分为 _____、_____、_____三类。

(2)粉蒸味型包括_____、_____、_____等。

二、单项选择题

(1)成菜能保持原汁原味特点的烹调技法是(　　　)。

A. 清蒸　　　　　　　B. 清炖　　　　　　　C. 滑炒　　　　　　　D. 滑熘

(2)以蒸的烹调技法制成的菜肴有(　　　)。

A. 粉蒸肉　　　　　　B. 烤鸭　　　　　　　C. 鱼香肉丝　　　　　D. 以上均不是

(3)以(　　　)烹调方法制作而成的菜品营养成分流失最少。

A. 蒸 　　　　　　B. 熏 　　　　　　C. 炸 　　　　　　D. 烤

（4）荷叶粉蒸肉是（　　）地方名菜。

A. 四川 　　　　　　B. 浙江 　　　　　　C. 湖北 　　　　　　D. 湖南

三、判断题

（1）四川名菜鱼香肉丝的烹调方法是滑炒。（　　）

（2）糖醋里脊的烹调方法是爆炒。（　　）

（3）锅巴肉片的烹调方法是生炒。（　　）

（4）东北名菜锅包肉的烹调方法是焦熘。（　　）

四、简答题

（1）什么是蒸？蒸菜有哪些代表性菜肴？

（2）蒸可分为几类，有何特点？

项目八

其他烹调方法

项目描述

　　中餐烹调的烹调方法种类繁多、技法多样,其中一些烹调方法不易根据传热方式进行分类,如拔丝、蜜汁和琉璃等。还有一些是随着经济社会的发展融合中外、推陈出新的产物,如微波加热、低温烹饪和分子料理,所以我们将此类烹调方法单独列出,称为其他烹调方法。其他烹调方法对中餐烹调的传承、融合和创新起着举足轻重的作用。

项目目标

　　1.了解其他烹调方法的概念和种类。
　　2.理解其他烹调方法的菜品特点。
　　3.掌握其他烹调方法的各种菜例的用料、工艺流程、制作方法和操作关键。

项目内容

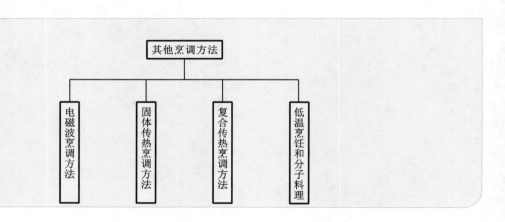

任务一　电磁波烹调方法

烤

→ 主题知识

一、烤的概念

　　烤是指利用柴、炭、煤、天然气等燃料的温度,或电、远红外线的辐射热能,使经过初步加工的生料或半成品成熟的烹调方法。

二、制作关键

烤的工艺流程相对简单,烤制过程中不能做调味处理,所以制作烤制菜肴时应选用优质新鲜的原料,对原料进行腌制时要注意口味适度,不要过淡或过咸。

三、成菜特点

烤制菜肴具有成菜色泽美观、形象大方、皮酥肉嫩、香味醇厚的特点,主要采用鸡、鸭、鹅、鱼等整形原料,或用猪肉、牛肉、羊肉加工成块状的原料。

四、烤的分类

根据使用烤炉的不同,烤可分为暗炉烤和明炉烤。传统的烤炉多使用柴、炭、煤等燃料,而现代多使用电烤箱,结合中职学校的设施条件,本项目主要介绍用电烤箱烤制菜肴的方法。

→ 典型案例

烤红薯,又称烤地瓜,是用地瓜烤制而成的食品,香甜味美。在农村地区,人们把红薯放在烧火后未燃尽的炭灰里,用带火星的炭灰盖住红薯,等待合适的时间红薯就被烤软烤熟,剥皮即可食用,香甜可口。现以烤红薯为例,介绍烤的操作流程。

❶ 工艺流程　清洗→表皮擦干→烤箱预热→烤制→成菜装盘。

❷ 主配料　红薯 500 克。

❸ 调味料　无。

❹ 制作步骤

(1)清洗:将红薯表面的泥土洗净。

(2)表皮擦干:将洗净的红薯表面擦干、晾干。

(3)烤箱预热:设置烤箱温度(上火 180 ℃、底火 200 ℃),等待其到达设定温度。

(4)烤制:在烤盘底部垫好 2～3 层锡纸,将红薯放在上面,待烤箱温度到达设定温度时,将烤盘放入烤箱烤制 35～40 分钟,烤至没有硬芯。

(5)装盘:装在盘中,上桌后用餐刀从中间划开,供顾客食用。

红薯洗净

红薯表面擦干、晾干

烤箱预热,烤盘垫好锡纸

红薯放入烤箱烤制

红薯取出,检查有无硬芯

装盘,用餐刀切开

⑤ 制作关键

（1）红薯要选用粗细适中的，最好不要选用又大又圆的，不易成熟。

（2）红薯表面的泥土要洗净，且要擦干、晾干。

（3）烤箱温度要设置准确，烤制时间要根据红薯大小灵活掌握。

⑥ 思考

（1）烤盘底部为什么要垫锡纸？

（2）是否还有其他方法烤红薯？请列举。

（3）用同样方法还可以制作哪些菜肴？

微 波 加 热

→ 主题知识

（一）微波炉

微波炉是一种用微波加热食品的现代化烹调灶具。微波是一种电磁波。微波炉由电源、磁控管、控制电路和烹调腔等部分组成。电源向磁控管提供大约 4000 V 高压，磁控管在电源激励下，连续产生微波，再经过波导系统，耦合到烹调腔内。在烹调腔的进口处附近，有一个可旋转的搅拌器，因为搅拌器是风扇状的金属结构，旋转起来后对微波具有各个方向的反射作用，所以能够将微波能量均匀地分布在烹调腔内，从而加热食物。微波炉的功率范围一般为 500～1000 W。

（二）微波的特点

微波自身具有反射性、穿透性和吸收性。微波加热在实际运用中，具有方便、经济、污染小的特点，还能有效地保持食物形状完整和营养价值，起到杀菌消毒的作用。

（三）制作关键

微波加热菜肴的制作步骤相对单一，对原料有一定的选择性，并且有一些使用禁忌。如鸡蛋在微波炉中加热会爆裂，金属器皿不能放入微波炉加热等。因此，要选用优质新鲜的原料，做好加热前的准备工作，还要注意微波炉的使用禁忌。

（四）成菜特点

在烹饪中运用微波加热时，微波能渗入原料的内部，使原料内外同时受热，升温迅速，且热效率高，便于自动控制，可以保持原料的形状和营养不流失，成菜具有形态完整、营养价值高的特点。

→ 典型案例

微波鱼就是运用微波加热的方法，将处理好的整条鱼加工成熟的菜肴。现以微波鱼为例，介绍微波加热的操作流程。

① 工艺流程 活鱼初加工→改刀成形→腌制→微波炉加热→成菜装盘。

② 主配料 鲈鱼一条约 750 克，金钩 15 克，水发冬菇片 12 片，火腿片 12 片。

③ 调味料 姜片 5 克，葱片 10 克，料酒 15 克，盐 5 克，胡椒粉 1 克，味精 2 克，特制清汤 150 克，姜汁味碟。

④ 制作步骤

（1）活鱼初加工：在鲈鱼下颚横切一刀，放尽鱼血，刮鳞、挖鳃、去内脏，清洗干净备用。

（2）改刀成形、腌制：在鱼身两侧剞上翻刀形花刀，各剞六刀，放入盛器中（切勿使用金属器皿），在每一个刀口处嵌入火腿片、水发冬菇片各一片,加入料酒、姜片、葱片、盐、味精、胡椒粉、特制清汤腌制15分钟入味,撒上金钩。

活鱼初加工

鱼身剖上花刀,腌制入味

（3）微波炉加热:将腌制好的鲈鱼放入微波炉内,根据微波炉的选项,设置好功能和时间(时间约为20分钟),根据原料大小适当调整,进行加热。

（4）成菜装盘:将鲈鱼取出,用一根筷子插入鱼腹部,如果能轻易插入,说明鲈鱼成熟,装盘成菜即可,随姜汁上桌食用。

放入微波炉,调好功能、时间

成菜装盘

⑤ 制作关键

（1）在制作微波鱼时,要注意根据微波炉的功率大小,依照说明书的要求进行加热。

（2）要选用活鱼,鱼要处理干净。

（3）鱼改刀要均匀一致,腌制时间要充足。

⑥ 思考

（1）活鱼初加工时要注意哪些方面?

（2）为什么要将鱼剖上花刀?

（3）微波炉使用时的注意事项有哪些?

任务二　固体传热烹调方法

盐　焗

主题知识

（一）盐焗的概念

盐焗是指将经过加工的半成品原料,用薄纸包裹,埋在热盐中缓慢加热的制熟方法。

（二）制作关键

盐焗的传热介质一般为粗盐，具有升温慢、降温慢的特点，因此盐焗菜肴要掌握好盐的温度和焗制时间。

（三）成菜特点

盐焗菜肴具有原汁原味、细嫩鲜香的特点。

→ 典型案例

现以盐焗鸡为例，介绍盐焗的操作流程。

❶ 工艺流程　原料初加工→腌制→包裹原料→盐焗→改刀成形→成菜装盘。

❷ 主配料　鸡（仔母鸡）一只约 1500 克，姜片 10 克，葱段 20 克，香菜 25 克。

❸ 调味料　味精 5 克，芝麻油 3 克，猪油 120 克，皮棉纸 2 张，精盐 12 克，八角粉 2.5 克，沙姜粉 2.5 克，花生油 20 克，粗盐 2500 克。

❹ 制作步骤

（1）沙姜油盐的制作：炒锅洗净，放入精盐 4 克炒干，备用，随即与沙姜粉拌匀，分别盛至三个味碟中，每个味碟再加入猪油（融）5 克成为沙姜油盐，供佐食用；将其余的猪油与精盐 5 克、芝麻油、味精调成味汁，把皮棉纸其中一张刷上花生油待用。

（2）鸡宰杀腌制包裹：将鸡宰杀、去毛、去内脏、洗净，悬挂，除去水汽后备用，去掉趾尖和嘴壳，在翅膀两边各划一刀，在颈骨上剁一刀（不要剁断），然后用精盐 3 克均匀地涂抹在鸡体腔内部，加入葱段、姜片、八角粉，先用未刷油的皮棉纸包裹好，再包上已刷油的皮棉纸。

（3）焗制：用旺火烧热炒锅，放入粗盐，炒至粗盐的温度达到 120 ℃（略显红色）时，将粗盐取出四分之一放入砂锅中，把鸡放在粗盐上，然后将其余四分之三的粗盐盖在鸡上面，加上锅盖，用小火焗约 20 分钟至鸡成熟取出，去掉皮棉纸。

（4）改刀成形：将焗后的鸡翅、鸡腿、鸡爪拆下，将鸡腿改刀成块状，将鸡身也改刀成块状。

（5）装盘：装盘时，将改刀成块的鸡肉摆成鸡的形状，用香菜装饰，佐以沙姜油盐食用。

鸡宰杀腌制

炒盐

焗制

改刀装盘

❺ 制作关键

（1）要选用肥嫩的仔母鸡来制作盐焗鸡。

（2）粗盐炒至温度达到 120 ℃左右即可,不要温度太高,要用小火焗制。

（3）装盘盛菜时要注意美观。

6　思考

（1）沙姜油盐是怎样制作的?

（2）盐焗鸡的主要风味特点是什么?

（3）用同样方法还可以制作哪些菜肴?

石　烹

主题知识

（一）石烹的概念

石烹是指将经过加工的半成品原料以石子或石板作为传热介质制熟成菜的烹调方法。

（二）制作关键

石烹法以石子或石板(铁板)作为传热介质,因此要掌握好它们的初始温度,计算好加热时间。

（三）成菜特点

石烹菜品具有味型多变、质感细嫩的特点。

典型案例

现以鹅卵石烹牛柳为例,介绍石烹的操作流程。

1　工艺流程　改刀→码味上浆→滑油→炒制→装盘烹制。

2　主配料　牛肉 300 克,冬笋 50 克,胡萝卜 30 克,洋葱 100 克,蒜 30 克,姜 6 克,干红辣椒 25 克等。

3　调味料　小苏打 0.5 克,盐 2 克,味精 2 克,白糖 5 克,料酒 10 克,蚝油 20 克,醋 20 克,老抽 10 克,湿淀粉 30 克,清汤 70 克,花生油 1000 克(实耗约 100 克)等。

4　制作步骤

（1）改刀:将牛肉去筋,切成长 5 厘米、宽 3.5 厘米、厚 0.2 厘米的片;冬笋、胡萝卜切菱形片,姜、蒜切成 1 厘米见方的片,洋葱切粗丝,干红辣椒切段。

（2）码味上浆:将切好的牛肉放入碗中,加盐、味精、料酒、小苏打腌制,加入半个鸡蛋清、适量湿淀粉拌匀上浆,将老抽、清汤、白糖、味精、醋、湿淀粉放入另一碗内兑成味汁,洋葱丝用适量的花生油浸泡。

牛肉改刀、配料切制

牛肉码味上浆,兑味汁

（3）滑油炒制:洁净炒锅置炉火上,加入花生油烧至五成热时,将牛肉加入滑油,七成熟时捞出;

炒锅内留花生油 50 克,加入姜片、蒜片、干红辣椒、冬笋、胡萝卜、蚝油略炒,烹入料酒,倒入牛肉和味汁,颠翻均匀后,盛入一碗内。

(4)装盘烹制:将鹅卵石加热(温度在 220 ℃左右),放入盛器内,倒入泡有洋葱丝的花生油,然后倒牛肉上桌即成。

牛肉滑油,加配料炒制

鹅卵石烹制

⑤ **制作关键**

(1)牛肉腌制时可以加入适量的清汤,增加牛肉的水分,保持牛肉的嫩度。

(2)腌制上浆后的牛肉可以放入冰箱,在 0 ℃下保存 2～3 小时后再使用,可使成菜更加滑嫩。

(3)滑油的油温要控制好,不应太高。

(4)鹅卵石的温度要适中,不要太低或太高。

⑥ **思考**

(1)牛肉腌制时加入小苏打起什么作用?

(2)如何使牛肉更加滑嫩?

(3)鹅卵石加热应该注意什么问题?

任务三 复合传热烹调方法

挂 霜

主题知识

(一)挂霜的概念

挂霜是指将经过初步熟处理的半成品,粘裹一层主要由白糖熬制成的糖液,冷却后成霜状或撒上一层糖粉成菜的烹调方法。

(二)制作关键

挂霜的关键是熬制糖液时火候的掌握和粘裹糖液时机的把握。

(三)成菜特点

挂霜菜肴具有色泽洁白、甜香酥脆的特点。

典型案例

现以挂霜腰果为例,介绍挂霜的操作流程。

① **工艺流程** 炸制腰果→熬糖→裹糖→成菜装盘。

② **主配料** 腰果 300 克。

③ **调味料** 白糖 150 克,清水 70 克,花生油 500 克(实耗 20 克)。

④ **制作步骤**

(1)炸制腰果:炒锅内加入花生油烧至四成热(120 ℃),将腰果放入花生油内,炸熟透,至金黄色时捞出控油。

(2)熬糖液:将炒锅洗净,加入清水、白糖,用小火熬至浓稠,用手勺搅拌炒锅底部,有沙沙声时,将糖液盛起,手勺边缘有大的倒三角现象出现,即到了挂霜阶段。

炸制腰果

熬糖液

(3)裹糖液:将炸好的腰果放入糖液中,离火,不停地翻勺推动,使腰果均匀地裹上糖液,直至腰果表面出现返砂现象。

(4)装盘:装盘前,将多余的糖砂去掉,装盘成菜。

腰果放入糖液,翻拌均匀

装盘成菜

⑤ **制作关键**

(1)腰果炸制时油温不要太高,火力不要太急,否则容易上色,影响成菜效果。

(2)熬制糖液时炒锅要洗净,要用小火加热熬制糖液。

⑥ **思考**

(1)熬制糖液时如何判断挂霜的糖液状态?

(2)炸制腰果时应该注意哪些问题?

(3)糖液为什么会出现返砂现象,原理是什么?

拔　丝

→ 主题知识

(一)拔丝的概念

拔丝是将经油炸的半成品,放入由白糖熬制能拉丝的糖液内粘裹挂糖成菜的烹调方法。因原料在挂糖后相互粘连,拉开时,能拔出糖丝,故名拔丝。

（二）制作关键

拔丝菜肴的制作关键是熬制糖液时火候的掌握和拔丝时机的把握。

（三）成菜特点

拔丝菜肴呈现深黄色，具有色泽黄亮、外脆里嫩、口味香甜的特点。拔出的丝具有长、细、均匀不断的特点。

→ **典型案例**

现以拔丝土豆为例，介绍拔丝的操作流程。

❶ **工艺流程**　原料初加工→刀工处理→炸制→炒糖→粘裹糖液→成菜装盘。

❷ **主配料**　土豆 500 克。

❸ **调味料**　白糖 150 克，清水 150 克，香油 5 克，花生油 1000 克（实耗 50 克）等。

❹ **制作步骤**

（1）刀工处理：将土豆洗净去皮，切成滚刀块。

（2）炸制：炒锅内加入花生油烧至四成热（120 ℃），将土豆放入花生油内，炸熟透，至金黄色时捞出控油。

土豆洗净去皮，切成滚刀块

炸制土豆

（3）炒糖：将炒锅洗净，加入清水、白糖，用小火熬至浓稠时淋上香油，继续熬制，糖液表面由大泡变为小泡，颜色呈香油黄色时，将土豆倒入，离火，快速颠翻均匀，使糖液完全粘裹在土豆上。

（4）装盘：装盘前，盘子中抹一层薄薄的香油，将粘裹糖液的土豆盛入盘中，稍微晾凉，拔丝。

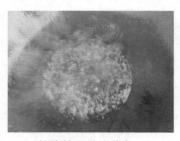
糖液炒至香油黄色

装盘成菜

❺ **制作关键**

（1）炸制土豆的油温要适宜，不宜过高也不宜过低，过高会让土豆外熟里不熟，过低则土豆容易熟烂不上色。

（2）熬制糖液时，要注意观察糖液的变化，不停搅拌，使其受热均匀，不要煳锅。

❻ **思考**

（1）糖液在熬制过程中要经历哪些变化？

（2）为什么要在盛菜的盘底抹上香油？

（3）发芽变色的土豆能否食用，为什么？

琉　璃

主题知识

（一）琉璃的概念

琉璃是将经油炸的半成品，放入由冰糖熬制成琥珀色的糖液内粘裹挂糖成菜的烹调方法。因原料在挂糖后外表坚硬，似琉璃般晶莹明亮，故称为琉璃。

（二）制作关键

琉璃菜肴的关键是糖液的熬制。

（三）成菜特点

琉璃菜肴具有晶莹透明、外层酥脆、口味香甜的特点。

典型案例

现以冰糖山楂仁为例，介绍琉璃的操作流程。

❶ **工艺流程**　原料初加工→晾干→炒糖→挂糖→装盘成菜。

❷ **主配料**　山楂 500 克。

❸ **调味料**　冰糖 150 克，清水 150 克。

❹ **制作步骤**

（1）原料初加工：将山楂洗净，去头尾，去核，晾干水分。

（2）炒糖、挂糖：将炒锅洗净，加入清水、冰糖，用小火熬制，使冰糖溶化成为糖液，熬至大泡全部变为小泡，颜色呈琥珀色时，将糖液均匀地粘裹在山楂上。

（3）装盘：将裹好糖液的山楂放在冰板上冰一下，待外层坚硬后装入盘内。

山楂洗净

去核晾干

将糖液粘裹在山楂上

成菜装盘

❺ **制作关键**

（1）山楂要去核，保持外形完整，洗净后晾干，否则不易挂上糖液。

（2）熬制糖液时要注意观察颜色和浓度的变化，注意和拔丝状态区分，注意把握挂糖的时机。

（3）挂糖后可以放在冰板上，有利于快速形成外脆的口感。

6 思考

（1）山楂为什么要晾干水分？

（2）熬制糖液至琉璃状态时，糖液有什么特点？

蜜　　汁

主题知识

（一）蜜汁的概念

蜜汁是指将白糖、蜂蜜与清水熬化收浓，放入加工处理过的原料，经熬或蒸制成菜的烹调方法。

（二）制作关键

蜜汁菜肴的制作关键是糖液的熬制和火候的掌握。

（三）成菜特点

蜜汁菜肴具有甜香可口、质地软糯、汤汁浓稠的特点。

典型案例

现以蜜汁山药为例，介绍蜜汁的操作流程。

1 工艺流程　原料初加工→改刀成形→煮制蜜汁→装盘成菜。

2 主配料　山药 1000 克。

3 调味料　蜂蜜 50 克，熟猪油 50 克，白糖 200 克，桂花酱 20 克，山楂糕 50 克等。

4 制作步骤

（1）原料初加工：将山药洗净，去皮，用盐水洗去黏液。

（2）改刀成形：将山药改刀成长约 4 厘米、厚约 2 厘米的滚刀块，放入清水中浸泡，防止其氧化变色，山楂糕切成豌豆大的粒。

（3）煮制蜜汁：将洁净炒锅置火上，加入清水用旺火烧开，放入白糖、熟猪油、山药块旺火烧沸，转为小火将山药煨至软糯，放入蜂蜜、桂花酱，收浓汤汁。

（4）装盘装饰：将蜜汁好的山药轻轻地装入盘内，撒上山楂糕装饰。

山药去皮洗净　　　　　　　　　　　　山药改刀成滚刀块

5 制作关键

（1）滚刀块切制要均匀，形成不规则的多边形。

（2）口味要甜度适中，不可太腻。

（3）熬制糖汁时要用小火，防止熬焦或者熬烂原料。

煮制蜜汁

装盘成菜

⑥ 思考

（1）山药清洗过程中要注意哪些问题？

（2）切制滚刀块时要注意哪些问题？

（3）用同样方法还可以制作哪些菜肴？

任务四 低温烹饪和分子料理

低温烹饪

→ 主题知识

（一）低温烹饪的概念

低温烹饪又称真空低温烹饪，是指将食物用抽真空的办法包装，或保鲜膜密实包装，然后放入搅拌型恒温水浴锅中，以 65 ℃左右的低温加热食物至熟的烹饪方法，不同的食物所用的温度和时间有所不同。

（二）制作关键

真空低温烹饪的操作关键是温度和时间的掌握。真空低温烹饪的温度原则上来说应该等于或大于 65 ℃，以进行杀菌。因为细菌生存的理想温度是 4～65 ℃。真空低温烹饪的温度最好不要超过 70 ℃，以减少水分流失。但是不同的食物所要求的温度和时间是不同的，在此列举分子料理大师 Thomas Keller 所给出的真空低温烹饪部分食物的温度、时间，他的菜式都通过了美国食品药品管理局的检查。当然，我们选原料时应该尽量选好的。

真空低温烹饪部分食物的温度、时间：西冷牛排，59.5 ℃、45 分钟；鸡腿，64 ℃、1 小时；鸭胸，60.5 ℃、25 分钟；羊排，60.5 ℃、35 分钟；猪里脊，80 ℃、8 小时；猪其他，82.2 ℃、12 小时；鹌鹑，64 ℃、1 小时；小牛牛排，61 ℃、30 分钟；鹅肝，68 ℃、25 分钟；吞拿鱼，59.5 ℃、13 分钟；三文鱼，59.5 ℃、11 分钟；龙虾，59.5 ℃、15 分钟；普通鱼类，62 ℃、12 分钟。

（三）成菜特点

真空低温烹饪能最大限度地保留食物的原味和香料的香味，保留食物的营养成分，分离食物原汁和清水，比蒸、煮更能保留营养成分；能保留食物的颜色；减少盐的使用，或者可以完全不用；不需要用油或者只需要用极少的油；保证每次烹饪的结果都是一样的。

低温慢煮牛肉

→ 典型案例

现以低温慢煮牛肉为例,介绍低温烹饪的操作流程。

❶ 工艺流程 原料初加工→配料熟制→真空包装→低温慢煮→牛排煎制→成菜装盘。

❷ 主配料 牛排、串番茄、小土豆、小洋葱、大蒜等。

❸ 调味料 新鲜迷迭香、橄榄油、黑胡椒、盐等。

❹ 制作步骤

（1）原料初加工：将牛排清洗干净，将其表面血水擦干，撒上盐、黑胡椒腌制。

（2）配料熟制：将小土豆洗净，对半切开，用黄油、迷迭香、小洋葱、大蒜，煎制成熟，撒盐调味备用。

（3）真空包装：将腌好的牛排放入自封袋，再放入迷迭香、大蒜、橄榄油。使用排水法，将自封袋慢慢放入水中，使自封袋中的空气慢慢排出，最后封口，达到真空状态。如果有真空机，可直接抽真空。

牛肉洗净腌制

牛肉真空包装

（3）低温慢煮：将低温慢煮机温度调至 59 ℃左右，将牛排放进去，低温烹调 2 小时。牛排低温烹煮好后，从自封装中取出牛排，去掉多余腌料，擦干表面水分。

（4）牛排煎制：将扒板烧热淋少量油，将牛排放在扒板上煎制，每面煎制 30 秒，煎出漂亮的花纹。

（5）成菜装盘：将煎好的牛排切段，配煎好的小土豆与烤制的串番茄装盘即可。

调节水温和时间，低温煮牛肉

牛肉两面煎制

成菜装盘

❺ 制作关键

（1）牛肉要选用牛里脊肉。

（2）要控制好温度和时间。

（3）封口时要严密，防止水进入。

❻ 思考

（1）低温烹饪有哪些优点？

（2）牛肉的选择上有哪些注意事项？

（3）用同样方法还可以制作哪些菜肴？

<h1 style="text-align:center">分 子 料 理</h1>

主题知识

（一）分子料理的概念

分子料理是以分子为单位，使原料发生化学和物理变化，打破原料原貌（如把原料打成糊或粉末），重新搭配和塑形，做成其他形状食物的方法。

它是近几年从国外流行到国内的一种美食新做法，价格高昂，手法巧妙，但简单来说，就是用科学的方法烹饪美食。

（二）制作关键

分子料理的制作关键是真空低温慢煮技术、液氮速冻技术、泡沫技术、凝固技术的熟练应用。

（三）成菜特点

分子料理研究了食物在烹调过程中温度升降与烹调时间长短的关系，再加入不同物质，令食物产生各种物理与化学变化，在充分掌握之后再加以解构、重组及运用，做出颠覆传统厨艺与食物外貌的烹调方式。它可以让马铃薯以泡沫形式出现，让荔枝变成鱼子酱状，并具有鱼子酱的口感、荔枝的味道。

典型案例

黄桃煎蛋

现以黄桃煎蛋为例，介绍分子料理的操作流程。

❶ **工艺流程**　称料混合→胶囊制作→成菜装盘。

❷ **主配料**　钙粉、乳酸钙、海藻酸钠、酸奶、黄桃、奥利奥粉、石头糖、白玉菇、手指萝卜、薄荷、三色堇、清水。

❸ **制作步骤**

（1）称料混合：首先称 3.75 克海藻酸钠，与 500 克清水混合均匀；称 5 克钙粉与 500 克清水混合均匀；再称 4.5 克乳酸钙与 500 克黄桃果肉一起放入搅拌机，搅制成泥。

（2）胶囊制作：准备 1 份海藻酸钠水、1 份钙水、2 份清水。先将圆形勺子在海藻酸钠水中泡一下，再将黄桃泥挤入圆形勺子中。再次放入海藻酸钠水中，浸泡 10 秒，使黄桃泥形成胶囊从勺子中脱落。将成形的黄桃胶囊取出，放入清水中浸泡 10 秒，再将清水中的胶囊放入钙水中，再次浸泡 10 秒。将钙水中胶囊放入另一份清水中浸泡 10 秒取出。

原料准备

称料混合

（3）成菜装盘：在盘子上撒上奥利奥粉，放上白玉菇，手指萝卜、石头糖、薄荷、三色堇用来装饰，在旁边倒上酸奶，在酸奶中心放上黄桃胶囊即可。

❹ **制作关键**

（1）称料要准确。

制作胶囊

成菜装盘

（2）胶囊制作要精细。

（3）顺序要正确。

❺ 思考

（1）分子料理有哪些优点？

（2）胶囊的制作上有哪些注意事项？

（3）用同样方法还可以制作哪些菜肴？

| 课堂活动——课程思政模块 |

顺风肥牛火锅从餐具入手进行创新，把传统的火锅大锅换成了一人一个的小锅，是最早把小锅模式引入山东的火锅店。一人一锅的新型涮法，提高了就餐档次，最大限度降低了成本，迎合了顾客的心理，营造了更健康、更舒适的就餐环境。

谈一谈作为新一代的厨师，如何有意识地培养自己与时俱进、推陈出新的工作意识。

同步测试

一、填空题

（1）烤可以根据使用的烤炉的不同，分为_____和_____。

（2）微波自身具有_____、_____和_____的特点。

（3）盐焗菜品具有_____、_____的特点。

（4）石烹是指将经过加工的半成品原料以_____或_____作为传热介质制熟成菜的烹调方法。

（5）挂霜的关键是熬制糖液时_____的掌握和粘裹糖液_____的把握。

（6）拔丝菜肴呈现深黄色，具有_____、_____、_____的特点。拔出的丝具有长、细、均匀不断的特点。

（7）琉璃是将经油炸的半成品，放入由冰糖熬制成_____的糖液内粘裹挂糖成菜的烹调方法。

（8）蜜汁菜肴具有_____、_____、_____的特点。

（9）低温烹饪又称真空低温烹饪，是指将食物用_____的办法包装，或_____包装，然后放入搅拌型恒温水浴锅中，以 65 ℃左右的低温加热食物至熟的烹饪方法。

（10）分子料理的制作关键是_____技术、_____技术、_____技术、_____技术的熟练应用。

二、单项选择题

(1)烤鸭的烹调技法是( )。

A. 叉烤   B. 串烤   C. 明炉烤   D. 暗炉烤

(2)盐焗鸡在加热时,粗盐应该达到的温度是( )。

A. 100 ℃   B. 110 ℃   C. 120 ℃   D. 130 ℃

(3)以石烹法制成的菜肴是( )。

A. 烤鸭   B. 铁板鱿鱼   C. 鹅卵石烹牛柳   D. 杭椒牛柳

(4)将糖液熬制成香油黄色的烹调方法是( )。

A. 拔丝   B. 挂霜   C. 琉璃   D. 蜜汁

三、判断题

(1)烤具有成菜色泽美观、形象大方、皮酥肉嫩,香味醇厚的特点。( )

(2)制作微波鱼时,刀工处理鱼的花刀是牡丹形花刀。( )

(3)盐焗的传热介质一般为细盐,具有升温慢、降温慢的特点。( )

(4)石烹菜品具有味型多变、质感细嫩、气氛热烈的特点。( )

(5)拔丝菜肴中拔出的丝具有长、粗、均匀不断的特点。( )

四、简答题

北京烤鸭是中餐烹调的代表菜肴之一,闻名世界,采用烤的方法制作而成,请同学们查阅资料,谈一谈北京烤鸭的成品特点,以及制作方法的独到之处。

菜肴出品

扫码看课件

项目描述

菜肴出品就是将烹制的菜肴,检查质量并装入盛器的过程。它是完成菜肴制作的最后一道环节,也是非常重要的工序,还是烹调技艺的基本功之一。高质量的菜肴是菜与盛器的巧妙结合,是艺术美与自然美的和谐统一,能够使菜肴的感官质量达到最佳的境界。

项目目标

1. 能说出菜肴出品的基本要求。
2. 能列举盛菜器皿的种类和用途。
3. 能概述盛器与菜肴配合的原则,熟练运用热菜常用的装盘方法。
4. 形成遵守规程、安全操作、整洁卫生的良好习惯。
5. 能坚持质量标准,厉行节约。

项目内容

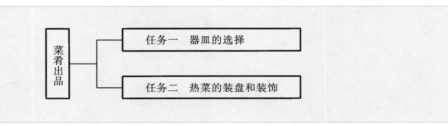

任务一　器皿的选择

→ 主题知识

选择器皿时应考虑器皿的形状和大小、色彩与装饰样式、色彩的协调关系。要恰当选择器皿,使菜肴与器皿相得益彰、完美和谐。

一、菜肴与器皿的配合

根据菜肴外形和盛器形状的搭配进行设计。使用几何形盛器所制作的盘饰,要紧扣"环行图案"这一显著特征,所设计的盘饰可根据菜肴和盛器而定。就是说,盘饰可以根据菜肴的外形和盛器的形状而设计,使菜肴、盘饰和盛器达到统一、和谐的效果。使用象形盛器所制作的盘饰,要充分利用象形图案的特点,在与盛器组配时要求形式的统一。例如,仿鱼形的盛器组配鱼形的盘饰,可使盛器和盘饰完美统一。在使用象形盛器时还必须注意整体美,防止片面追求局部美。

二、菜肴的分量与盛器大小相适合

根据菜肴数量和装饰样式确定器皿的品种规格、尺寸大小。如果选择的盛器过小,则盛器显得太局促;选择盛器过大,则盛器过于空旷,很不和谐。汤类菜肴不能装得过多或过少,一般占盛器的八分满即可。数量不多、价格较贵或制作的装饰样式占盘面小的菜肴,可选规格尺寸较小的盘;数量多或制作的装饰样式占盘面大的菜肴,可选规格尺寸较大的盘盛装。盛器和盘饰形状、色泽要合理搭配。

三、菜肴与盛器相宜

菜肴的品种繁多,应根据菜肴的特点和形状、汤汁的多少选择适合的盛器。一般而言,炒菜用圆盘或椭圆形盘子,汤汁较多的煮烩菜可用窝盘,汤菜用汤碗,高级汤菜用瓷品锅,扒菜用扒盘,整鸡、整鸭则用长椭圆形盘。用竹笼、汽锅、砂锅制作的菜肴,不另用盛器,可直接上席。此外,适当选用异形盛器或用洗净消毒的动物外壳(如海螺、蟹壳等)作盛器入席,能增加宴席欢乐的气氛。

四、菜肴色泽与盛器色泽相协调

根据菜肴和装饰样式选择合适的器皿,使得菜肴的色泽与盛器的色调相协调、和谐美观。餐具的颜色及图案与装饰原料之间要协调,不宜使用深色的或者花纹图案丰富的菜盘。菜肴装饰盛器一般选用单色盘。若色泽洁白的滑熘鸡片用白盘盛装,则不能衬托菜肴的色泽美。如果用色调淡雅的青色或淡蓝色花边瓷盘盛装,则色彩搭配柔和雅致。干烧鱼、红烧排骨等深色菜肴,宜选用浅色或白色盘盛装。色彩对比强烈,使人感到鲜明醒目,再用绿色蔬菜点缀,色彩过渡就较为自然。另外,选用盛器时应注意冷暖色的运用,如蓝色常能让人联想起蓝天和大海,使人感觉冷;红色常能让人联想起红日,使人感觉热。随季节变化灵活选用盛器,能给人以赏心悦目的感觉。

单色盘是指色彩单纯又无明显图饰的盛器。如白色盘、无色透明盘、米黄色盘、蓝色盘和黑亮的漆器盘,这类盛器颜色单一,可较好地衬托盘饰和菜肴。其中,白色盘是使用最多的一种,它具有清洁、雅致的美感特征,一般的盘饰和菜肴能与白色盘相配。在选用其他颜色的盛器时,要注意盛器的颜色是否与盘饰原料的颜色冲突。例如,白色盘可用绿色原料进行装饰,绿色的盛器不适宜摆放较多绿色的盘饰,包括黄瓜原料、西芹原料等,红色的盛器不适宜摆放较多红色、橘红色的盘饰。深色盘要用黄色、白色原料进行装饰。色彩明快、艳丽的盘饰配以适宜的盛器可以烘托席面的气氛,调节顾客在食用前的情绪,激发食欲。异形盘的装饰原料要与之适应、相称。如果盛器为有花纹、图案,色泽较深的青花瓷盆、盘,或有各种色彩艳丽的花、草、水果、文字等图案,会让人产生凌乱、重复之感,不宜用于菜肴装饰。

五、菜的档次与盛器的质地要相称

高档餐具(如金器、银器等)做工精细,造型别致,色调考究,专门用于盛装高档菜肴。一道精美的菜肴,如果用质量低劣的盛器盛装,会降低菜肴的身价;反之,一道普通菜肴用贵重餐具盛装,会让人产生不协调、华而不实的感觉。

→ 主题知识

一、热菜装盘的基本要求

装盘对菜肴的形态、色泽有较大影响,要使装盘后菜肴整齐、清洁、美观,必须符合以下要求。

(一)注意操作卫生

装盘应使用消过毒的盛器,要特别注意锅底污物对盛器的污染,滴在盘边的汁水要用消毒洁布擦拭干净。制好的菜肴不能随意用手触摸,菜肴需要改刀时应由专人完成,生熟分开。汤菜不宜装得过满,以防端菜时手触汤汁。

(二)装盘动作敏捷协调

装盘的动作要准确熟练,一次到位,尽量缩短装盘时间。否则时间一长,菜肴的色、香、味、形都会发生变化,影响菜肴的质量。

(三)装盘丰润整齐、突出主料

装盘时,菜肴堆放要力求圆润饱满。菜肴应摆放整齐匀称,摊放的菜肴分布要均匀;有主配料的菜肴,主料应放在显著位置。

(四)菜肴的色与形和谐美观

装盘时要运用各种装盘技术,将菜肴堆摆成适当的形状,力求整齐美观。整鸡、整鸭装盘以自然形态为主,腹部朝上,以突出肌肉丰满,颈部转弯,头颈紧贴身旁。整鱼装盘时,如整鱼有刀缝,刀缝面要朝下;两条鱼同装一盘时应鱼腹相对,尽量不要碰坏菜肴,以保证整体形态的完美。蹄髈装盘时皮面应朝上,以突出色泽美。色彩单调的菜肴,应选择相宜的盛器,或用适当的装饰予以弥补。

(五)菜肴分装要均匀

汤羹菜一般以小碗上席,注意要将菜中主配料均匀分装。一锅炒菜分装几盘时,也应做到心中有数,要使分量基本相等并一次完成。

二、热菜装盘的方法

热菜的装盘方法很多,应根据菜肴的形状和特点、芡汁的浓度、汤汁的多少灵活运用。

(一)炒、爆、熘类菜肴的装盘方法

❶ **拉入法** 这种方法最为普遍,适用于主料形态较小、不勾芡或勾薄芡的菜肴。装盘前先翻勺,尽量将形状完整的菜肴翻在上面。然后将锅倾斜,下沿置盛器上方,用手勺拖住锅柄将菜肴拉入盘中。如鱼香肉丝、爆炒腰花都可用此法装盘。

❷ **倒入法** 这种方法适用于质嫩易碎、芡汁稀薄的菜肴。装盘时将锅对准盛器,将菜肴一次均匀倒入盘中。位置要准确,盘边不溅油迹,形状整齐。当主料有配料时可用手勺稍加调整。如糟熘肉片、麻婆豆腐都用此法装盘。有时为了突出主料,可先将主料较多的部分轻轻盛入手勺内,后将锅中剩余的部分倒入盘中,最后将手勺中菜肴均匀地铺到面上即可。

❸ **覆盖法** 这种方法适用于无汤汁的炒、爆类菜肴。装盘前先翻勺,使菜肴集中,借翻勺之机,将菜肴用手勺接住,装入盘中;再将其余菜肴盛起,覆盖在上面;覆盖时手勺轻轻下按,使菜肴圆润饱满。如葱爆羊肉、油爆双脆都可用此法装盘。

（二）烧、炖、焖、蒸类菜肴的装盘方法

❶ **拖入法** 这种方法主要适用于烧、焖等烹调方法制成的整体形状菜肴。出锅前先将锅内菜肴略加颠掀,同时将手勺插入菜肴下面,再用手勺将菜肴轻轻拖拉入盘。拖拉时,锅同时慢慢左移。如干烧鱼即可用此法装盘。

❷ **盛入法** 这种方法适用于不易散碎的条块状菜肴。装盘时用手勺将菜肴分次盛入盘中,形状整齐的盛在面上,多种原料组成的菜肴要盛放均匀,盛装的动作要轻,不要损伤菜肴的形态,汤汁不要淋落盘边。如红烧肉、黄焖鸡块都用此法装盘。

❸ **扣入法** 这种方法适用于蒸类菜肴。先将大块主料改刀后,整齐地码入碗内,光面朝下。碎料用于填空,再用配料码平碗口,浇上调味料。蒸制后沥去碗汁,扣上空盘,双手按住,迅速翻扣过来,将碗拿掉,再浇以原汁即成。用扣入法装盘的菜肴圆润、整齐、美观。如冬菜扣鸭、虎皮扣肉可用此法装盘。

（三）扒类菜肴的装盘方法

塌扒类菜肴讲究造型,装盘技巧性强,难度较大。蒸扒类菜肴可用扣入法装盘,如红扒肘子。烧扒类菜肴用扒入法装盘。装盘前沿锅边淋油,轻轻晃锅,使油均匀渗入菜肴下面,再将锅移至盘边,使菜肴整齐地滑入盘中。如香菇扒菜心、扒素什锦都可用此法装盘。

（四）烩类菜肴和汤菜的装盘方法

烩类菜肴中的汤羹汁多,一般用溜入法装入汤碗内。将锅靠近汤碗,缓慢地将汤溜入碗内,锅不能离碗太远,羹汤也不要装得过满。如珍珠玉米即可用此法装碗。汤菜一般用浇入法装入汤碗内:先将经过熟处理的主料整齐码放碗内,再将烧沸的汤汁缓慢地浇入汤碗内(不要冲乱菜料),最后在汤面上饰以点缀物即可。如开水白菜、扣三丝都用此法装碗。

（五）炸类菜肴的装盘方法

炸类菜肴无汁无芡,其小型菜肴适宜用拨入法装盘。具体方法如下:用漏勺将油沥净,然后用筷子将菜肴拨入盘内,渣状物留在漏勺内,再用筷子适当调整,使菜肴排放整齐或堆放饱满。炸里脊、软炸虾仁可用此法装盘。大型菜肴需要改刀,改刀后借助刀面将菜肴盛起,排放入盘。如炸猪排、锅烧肘子等都可用此法装盘。

三、热菜装饰

俗话说:人靠衣装,马靠鞍。宴会靠气氛,菜品靠点缀。随着社会经济的迅速发展,人们的生活水平日益提高,人们对菜肴的制作也提出了更高的要求。制作菜肴时,不仅讲究精工细做,还要求对菜肴所用器皿的外围进行点缀和美化,这就是人们常说的菜肴装饰。菜肴装饰是中餐烹调的全新领域,实际上这门技术早在唐宋时期就已被广泛运用,只是人们忽视了它,没有加以重视、很好地使用和研究。其实菜肴装饰有很多问题值得深入研究(如菜品装饰的种类、装饰的规律及其运用等),不仅涉及烹饪本身,还涉及图案、色彩、审美等,是一项综合性技术。菜肴装饰在整个菜肴的制作过程中有辅助作用,但是制作精良、寓意深刻的菜肴装饰能够起到美化菜肴、提高菜肴品位、营造情趣、增强食欲、烘托氛围的作用。这项技术若能得到广泛的运用,将会给中餐菜肴带来全新的菜容菜貌。

菜肴装饰又称菜肴盘饰、菜肴围边、菜肴点缀、盘边装饰、餐盘装饰、镶边、盘饰、盘头等。简单地说,菜肴装饰是在盛装菜肴的器皿上进行装饰和点缀的技法,其以菜肴为主体,顺盘边摆放或放置于菜肴的中央。科学地讲,菜肴装饰就是选用符合卫生要求的原料,经过简单的刀工处理成一定形状或图案后,以菜肴为主体,摆放在菜肴周围或在盛器边空隙上摆放或放置于菜肴的中间或附着于菜肴旁,利用其色彩与造型对菜肴进行美化装饰的一种奇特技法。菜肴装饰在西式菜肴中应用较为普遍。菜肴装饰能增加菜肴的视觉美感,它不是独立于菜肴以外的装饰,而是对整个菜品进行烘托和点缀,起到相映生辉作用的装饰。菜肴装饰包括菜肴的造型、周边和点缀等,它是美化菜肴、提高菜肴审美价值及整体效果的一种有效方法,使菜肴变得更加美味诱人。菜肴装饰的优劣能够影响顾客的心情,只要装饰得体,就能使菜肴改变外观,提高菜肴的视觉效果,能够给顾客留下极为深刻的印象。菜肴装饰可通过菜肴的色泽、造型、餐具配备和装盘技巧,提高菜肴的食用价值和艺术感。菜肴装饰注重菜肴与盛器本身色彩协调,可以说菜肴的外观形态是决定就餐者能否接受的先决条件。在菜肴制作过程中,菜肴装饰所占的比例不大,但作用却不小。菜肴装饰能够衬托菜肴在宴席上的氛围,能提高菜肴的食用价值,能够使就餐者用感官视觉来衡量菜肴的质量,从而激发食欲。因此,菜肴装饰的运用能够提高菜肴的工艺水平并具有重要意义。

（一）菜肴装饰的起源与发展

菜肴装饰是菜肴美化工艺中的一颗璀璨明珠,它用于点缀菜肴、美化宴席、烘托良好的宴席氛围,是一种造型艺术。菜肴装饰是中餐菜肴制作工艺中的重要组成部分,它可使杂乱无章的菜变得整齐有序,起到美化菜肴的作用。菜肴装饰是在盛装菜肴的过程中,对菜肴的形态及色彩进行美化的操作过程。菜肴装饰是一种从视觉到味觉的转变,能增加菜肴的整体美观,使菜肴变得美味诱人,增强人们的食欲。菜肴装饰在中国古代已经崭露头角,被运用于宫廷和王府的菜肴制作过程中。早期的菜肴装饰比较简单,并不讲究盘饰和菜肴的搭配。随着烹饪文化的发展,它逐渐从宫廷、王府流传到民间,制作工艺也不断完善。直到今天,菜肴装饰已形成了其独特的风格,无论是盘饰的色彩搭配,还是盘饰的制作成形都达到了较高的水平。它已融入菜肴当中,并被广泛应用。

追溯菜肴装饰的发展历史,应该从古人对供品的美化说起。在我国古代敬神、祭祀等场合中,就已经出现了将烤熟后的整只猪、牛、羊挂上用来点缀和美化供品的有色饰物(如红绸缎等),以增添氛围。这就是简单的菜品装饰雏形。春秋时期的《管子》一书中曾提到"雕卵",即在蛋上刻画图案花纹来美化食品。南朝梁代宗懔《荆楚岁时记》记载:寒食节……镂鸡子。隋杜公瞻注:古之豪家,食称画卵。今代犹染蓝茜杂色,仍加雕镂,递相饷遗,或置盘俎。

到了隋唐时期,菜肴装饰取材范围不断扩大,人们不仅用蔬菜瓜果进行雕刻装饰,还在酥油、酥酪、油脂上进行雕镂雕刻,装饰在饭的上面。例如,唐代刘恂所著《岭表录异》中记载:京辇豪贵家钉盘筵,怜其远方异果。肉甚厚,白如萝卜,南中女工,竞取其肉,雕镂花鸟,浸之蜂蜜,点以胭脂,擅其妙巧,亦不让湘中人镂木瓜也。又如,杜甫的《丽人行》中写道:"紫驼之峰出翠釜,水精之盘行素鳞。犀箸厌饫久未下,鸾刀缕切空纷论。"从这段文字中可以明显看出,在当时宴席中已经使用食品雕刻装饰菜肴了。

到了宋代,达官贵人对饮食十分看重,不仅讲究菜品的质量、色彩和形状,还讲究盛装器皿与菜品之间的搭配。南宋时期京城临安(今杭州)已出现雕花蜜饯。雕刻后的果品,腌制成的果脯蜜饯,造型为千姿百态的鸟兽虫鱼与亭台楼阁,上桌时均摆成一定的形状,煞是好看。在宫廷内设有蜜煎局,专制各色雕花蜜饯以供御用。蜜煎局的厨师,用木瓜雕成"鹊桥仙故事",或以菖蒲或通草雕刻天师驭虎像于中,四围以五色染菖蒲,悬围于左右。又雕刻生百虫铺于上,却以葵、榴、艾叶、花朵簇拥,还有的以通草罗帛,雕饰为楼台故事之类,饰以珠翠,极其精致,一盘至值数万。例如,周密的《武林旧事》中记载宋高宗赵构到清河郡王府,佞臣张俊接待宋高宗的宴席中就有雕花梅球儿、红消花儿、雕花笋、蜜冬瓜鱼儿、雕花红团花、木瓜大段儿(花)、雕花金橘、青梅荷叶儿、雕花姜、蜜笋花儿、雕花橙子、木瓜方花儿共 12 种,原料有杨梅、冬瓜、木瓜、金橘、鲜姜和嫩笋等,花形有球儿、鱼儿、团花、荷叶儿、方花儿等,味道有甜酸、清甜和甜中微辣等。宋代的宴席虽然反映了贵族官员生活的奢侈,但也表现了当时厨师手艺的高超水准。

明清时期,菜肴装饰发展到了一个更高的层次,用原料雕刻的人物、禽鸟、花卉、鱼虫、西瓜灯等,均应用于菜肴的装饰。陶文台《江苏名馔古今谈》中记载:清代扬州有西瓜灯,在西瓜皮外镂刻若干花纹,作为筵席点缀,其瓤是掏去不食的。清代时,食品雕刻正式进入宴席的菜肴装饰领域,不仅供给欣赏,还能成为装饰艺术品。

辛亥革命之后,菜肴装饰的技法比较简单实用,使用范围变小,并不讲究盘饰和菜肴的搭配。

由此可见,由于历史的局限和经济文化等方面的约束,菜肴装饰这一工艺并没有得到广泛运用和发展。

近年来,随着餐饮文化的推广及国际烹饪交流的日益频繁,以及厨师对菜肴的出品速度和新形式的追求,尤其在原料价格上涨的当天,酒店需要能快捷运用、简单时尚的菜肴装饰,再加上对西餐文化的总结,涌现出许多摆盘及装饰方式。在高档的中餐中可谓至关重要的果蔬雕刻渐渐失去了昔日的主导地位,由原先的雕刻装饰发展到了现在的花卉装饰、盐雕、果酱装饰、分子烹饪装饰、巧克力装饰、糖艺装饰以及简单明了的果蔬雕刻等。现在的菜肴盘饰更讲究创新和意境,凸显出文化气息。例如,意境菜是菜肴中的极品,如同装饰物中的蓝宝石,菜肴装饰是意境菜最不可缺少的一个重要组成部分,它是烹饪技艺与艺术的完美结合,在现代餐饮业中占据十分重要的地位。通过美化菜肴来提高菜肴的品位,增强食欲,营造就餐氛围。只要我们在实践中加以总结,就可以创新,形成自己的独特的风格与特色。从菜肴装饰变化当中可以看到菜品的升华。作为一名知识技能型厨师,在菜肴装饰上必须选用可食性原料,在构思上做到繁化简,在色彩搭配上要合理,在设计上要做到精炼、细巧,在继承中国传统饮食文化基础上进行创新。

（二）菜肴装饰的作用

菜肴装饰在整道菜肴的制作过程中起到了一定的辅助作用。在菜肴的出品过程中只要装饰和点缀得恰如其分,就会起到增加趣味、互补平衡、画龙点睛、美化菜品、烘托宴席气氛的作用,同时对菜肴色彩、造型、口味给予补充,可为色形俱佳的菜肴锦上添花。

❶ **形状上的装饰作用**　菜肴装饰对菜肴的色彩、形状进行弥补,使菜肴更加完美,突出菜肴的整体美,即把本来杂乱无章的菜肴,装饰得美观有序。例如,烩鹅掌不加花边装饰时,给人以乱糟糟的感觉,如果围上用鹅掌制成的金鱼,就会显得整齐生动,给人以美感和享受。

❷ **色彩上的装饰作用**　菜肴装饰可使菜肴与盛器色彩协调。有的菜品本身色彩单调、暗淡,或者因为盛器平淡而使原本色彩很好的菜肴失去光彩,如能恰当地运用花边技术加以美化装饰,则会收到意想不到的效果。例如,鳝背的色泽暗黑,没有生机,如用有色的蛋卷加以花边装饰,做出来的菜便会变得更加斑斓艳丽、生机勃勃。恰到好处地运用花边装饰技术还能弥补盛器的缺陷,使菜肴重生光辉。美化菜肴可以更加突出重点菜的特色,提高菜肴品位,增进顾客食欲。

❸ **色彩和造型的补充作用**　色彩和造型可以衬托菜肴气氛,使之更加吸引人,因此菜肴的装饰起到了至关重要的作用。例如,蟹粉豆腐在盛装时,如果所选择的盛器不能突出菜肴的色、形,就必须用花边加以补充,给它加上一个"凤尾花边",整个菜肴便会变得丰富多彩,让人望而欲食。又如,虎皮扣肉装盘时在盘边配上碧绿的菜心,组成兰花图案,整个菜肴的色彩、造型就会显得清新悦目,使人垂涎欲滴。一般清炒虾仁放在白色的没有装饰的盘中,就会显得十分单调,如果用黄瓜、胡萝卜切成片并整齐地摆放在虾仁四周,整个菜肴会变得鲜艳、活泼、诱人。再如,当把醉鸡斩切装盘后在中间放入两三个红樱桃,再放上两三片过水的芹菜叶;在酸甜莲藕上用小菱形山楂片堆成三四朵小兰花。以上虽然是小点缀,却可一扫菜肴的单调乏味之感,让人感到一片生机。菜肴装饰的基本原理是采取了对比手法,即通过生与熟、大与小,红与黑、上与下等之间的对比,达到美化菜肴的目的,还能弥补菜肴在制作和装盘过程中的不足。

❹ **调剂口味的作用**　食用和口味的补充,能使整个菜肴具有多种风味。制作精良的菜肴装饰不仅可以美化菜肴,还可以引起人们的食欲。例如,双冬鸭片用柴把鸭子做花边,清炒虾仁用干煎虾饼做花边等,都避免了菜肴口味的单一性。有些数量不多或价格较贵的菜肴,如龙井鲍鱼等,在盛装时如果选用的器皿较大,则显得菜很少;如果选用的器皿较小,又显得小气。为了缓解这一矛盾,可以使用菜肴花边装饰技术,即给大盘子加上十分精致的花边,把菜肴集中放在盘子中间,这样既显得

163

丰满，又不降低规格。

❺ **合理营养搭配的作用** 中餐菜肴装饰的原料多是可食性的植物性原料，它所装饰的菜肴又多是动物性原料，起到荤素搭配、平衡营养的功效。另外，还能减少资源浪费，提高效益。富有寓意的菜肴装饰可以渲染和活跃宴席的就餐气氛，为宾客增添快乐、愉悦的情趣。

（三）菜肴装饰的注意事项

菜肴装饰在实际运用中应不断创新，根据菜肴的实际需要对菜肴进行装饰，使菜肴装饰真正起到美化菜肴的作用。如果菜肴在装盘后，在形、色上已经有比较完美的整体效果，就不需要再用过多的装饰，否则会画蛇添足、弄巧成拙，使菜品失去原有的美观。若菜肴在装盘后的色、形尚有不足，需对菜肴进行装饰，就应考虑选用何种色、形的原料。首先要注意所装饰的是什么菜肴，其次要熟悉所盛装菜肴的烹调方法、口味、主要色彩、规格档次、原料品质等。在实际运用中必须遵循以下运用规则。

❶ **注意菜肴与装饰样式的关系** 装饰原料与菜肴的色泽、内容、盛器必须协调一致，从而使整个菜肴在色、香、味、形诸方面趋于完整，形成一体。菜肴的美化还要结合宴席的主题、规格与宴者的喜好和忌讳等因素。

（1）根据菜肴的烹调方法确定装饰样式。根据菜肴的烹调方法和成品后汤汁的多少确定装饰，汤多的菜肴（如烩制菜肴）可用不怕水、能浮于水面上的原料，而蒸菜、炒菜可以因菜而异；芡汁略多的菜肴，要用遇水不散、不易变形的原料，如胡萝卜、樱桃等。

（2）根据菜肴的口味确定装饰样式。菜肴装饰的原料必须以可食用原料为主，一定要考虑其口味与菜肴之间的关系，为了避免串味和防止变味，一般甜的菜肴宜选用甜味原料（如橘子、柠檬、菠萝、草莓等水果）进行衬托；煎炸菜应配爽口原料；咸鲜味的菜肴应选用咸鲜味的装饰原料，如在白斩鸡上点缀红樱桃，就显得不协调；麻辣味菜可以用味淡的原料。总之，要以不影响菜肴的原有风味为宜。

（3）根据菜肴成品的色泽确定装饰样式。选择装饰原料颜色时应以菜肴烹调后的色泽为依据，必须以菜肴的主色调为主，适当装饰可使菜肴的色彩突出。一般采用反色衬法，其目的是突出菜肴本色，如菜肴的主色调是暖色，则装饰原料要用冷色原料装饰；如菜肴色泽为冷色，就用少量暖色原料装饰。切记不要让装饰颜色遮盖菜肴的色彩，以免喧宾夺主。作为职业厨师必须了解所配菜肴烹调后的色彩，依据成品色泽考虑菜肴装饰。

（4）根据菜肴的形态确定装饰样式。因烹饪的原料、烹调、刀工方法不同，制作出的菜肴成品呈现出不同的形状。例如，末、丁、条、丝、片、块等小型原料烹制的菜肴，可采用全围点缀进行装饰，这样可使杂乱无章的菜肴变得整齐；整形原料（如鱼、鸡、鸭、大虾、咸鸡腿等）烹制的菜肴，要采用对称造型装饰、局部点缀式造型装饰。整形菜肴适当采用中心点缀装饰或半围式点缀装饰，如造型菜品"龙凤腿"，则可以在盘子中间适当点缀。装饰美化菜肴时，要以衬托菜肴的色、形为主，力求美观得体，和谐自然。菜肴装饰原料的成本不能大于菜肴主料的成本，制作时间不宜太长，以不影响菜品质量为前提。

（5）根据宴席的规格和档次确定装饰样式。宴会菜肴的装饰要依据宴席的档次、接待的对象、菜品等进行装饰。宴席菜肴的装饰代表菜肴装饰的最高技术水平。在整个宴席制作中，应当灵活运用菜肴装饰，不可重复使用一种菜肴装饰。一是考虑宴席档次确定装饰原料的优劣。普通的宴席和家宴，要用普通的原料进行简单装饰，装饰原料档次不要过高，否则，有主次不分、喧宾夺主之感；中档宴席的菜肴比较讲究，要用特殊原料进行装饰，以免破坏氛围；高档宴席的菜肴装饰，必须选用高档原料，以相互补充，增加宴席的氛围。二是考虑接待对象和宾主的要求以确定装饰原料，不可强求一致。若客人是外地的，应当考虑用本地的特色原料进行装饰，以体现出菜肴的地方风味。不能使用一些不受欢迎或忌讳的花卉来点缀菜肴，以免适得其反，还应注意一些国外习俗和民族习惯。三是考虑接待对象的自身因素,包括性格、年龄、爱好等,年龄大的可采用寓意长寿的装饰物;年龄小的则可采用色彩热烈、明快的装饰物。

❷ **注意器皿色彩与装饰样式色彩的协调关系**　根据菜肴和装饰样式的色彩选择合适的色彩和符合规格的器皿。餐具的颜色及图案与装饰原料之间要协调,不要使用深色的或者花纹图案丰富的菜盘。菜肴装饰盛器一般应当选用单色盘(或纯一色)。

❸ **注意菜品装饰样式的用料色彩**　菜肴装饰的原料选择要适当,色彩要标准鲜明,图案清晰艳丽,对比调和,与菜肴的颜色要有一定的反差。菜品装饰时要了解掌握色彩运用方面的知识及菜肴的特点、颜色。菜品装饰原料必须是本身的天然色彩,尽量避免使用色素。装饰的原料需能直接食用,生料须经过初步处理并煮熟,保持自身的色彩不被破坏。菜肴的颜色与装饰原料的颜色搭配要相互衬托,运用明度对比、纯度对比、色彩对比规律,如红与绿、黑与白、黄与紫,这类色彩的配合使得图案鲜明突出,通过不同的色相对比,菜品和装饰产生鲜明的衬托感。还有利用色调的冷暖效果,夏季与冬季的装饰原料各不相同,夏季以冷色调为主,冬季则应以暖色调为主。要选择纯度高、色调亮的原料,如红樱桃、黄蛋糕、青色菜、山楂糕等,还要注意取材的便利性。

❹ **注意用非食用装饰样式与食用的关系**　菜肴点缀装饰原料必须是食用性较强的原料,要方便进餐,而不仅仅只是作为摆设。在制作菜肴装饰时,要特别注意菜品装饰样式的欣赏性与食用性相协调。装饰原料要尽量利用可食性材料制作,而且要尽量做到味道鲜美。所以,以可食用的小件熟料、菜肴、点心、水果等作为装饰原料,是相对较好的美化菜肴的方式,而采用雕刻作品、琼脂或冻粉、生鲜蔬菜、面塑作为装饰物来美化菜肴的方法就应受到制约。特别是不可食用的新鲜花朵、金属、树叶及塑料制品等非食用性原料(如新鲜的月季花、菊花、冬青树叶等)应禁止使用,以防对消费者造成无法挽回的伤害。

❺ **注意掌握装饰样式的数量和大小**　菜肴装饰样式的比例、大小、数量应与菜肴的比例相协调。点缀装饰物要求造型简洁、刀法流畅、成形美观、典雅大方,不宜做得数量太多、形状太大,其数量一般要少于菜肴主体的数量,以免喧宾夺主。有些菜肴本身色彩艳丽或造型美观,则无须装饰,植物性绿色蔬菜通常也无须装饰,否则就会画蛇添足。在实际应用中,每桌宴席平面切雕装饰最多不要超过 5 道;立体雕刻菜肴装饰高不超过 10 厘米,数量一到两个即可。在具体的菜品装饰制作过程中要全面考虑,根据所盛菜肴的特点、数量、盘子的大小等因素来确定菜肴装饰的数量和大小。

❻ **注意装饰样式的拼摆方法**　菜肴装饰拼摆制作的好坏对整道菜肴而言尤为重要。菜肴装饰选用质地脆嫩的瓜果蔬菜的原料,需采用特殊的雕刻工具,利用原料固有的色泽形状,运用切、雕、染、砌等排列技法,组合成各种动植物等不同吉祥纹样图案的作品,放于盘中用以点缀和衬托菜肴。菜肴装饰是菜肴的陪衬,忌费工费时,制作工艺必须简单便捷、节约时间、易于掌握和应用,摆放要整齐均匀、协调有序,切忌散乱、参差不齐、左右颠倒等。除此之外,还应考虑疏密恰当,以及与餐具色彩的协调。总之,在美化菜肴时,要以映衬菜肴的色、形为主,力求和谐自然,美观得体。

❼ **注意菜肴装饰的原料要符合食品卫生要求**　菜肴美化装饰是制作美食的一种辅助手段,但又是传播污染物的重要途径之一。菜品装饰样式必须选用清洁卫生、可食性强的果蔬类等原料。装饰美化菜肴时,在每个环节中都应重视卫生,无论是个人卫生还是餐具、刀具卫生都不可忽视。菜肴装饰一般不经过高温消毒,过高的温度会使饰品变形、褪色,所以装饰的原料必须将生料洗涤干净消毒后使用,并且与没消毒的原料分开放置,同时,杜绝与菜肴相接触。有的果蔬的正常颜色较淡,可以通过焯水的方法,使之色泽鲜艳,还可以避免新鲜过脆不易制作造型,增加了原料的可塑性。菜肴装饰造型的制作尽可能在短时间内完成,避免造成食品污染。还要尽量避免用食用色素加工菜肴装饰原料,否则菜肴易受污染而引起食物中毒。制作完成的菜肴装饰如果暂时不用,必须用保鲜纸包裹,防止可能产生的交叉污染。菜肴装饰必须在不影响菜品质量的前提下进行。

另外,菜肴装饰造型没有长期保存的必要,加之价格、卫生等因素及工具的限制,不能制作很复杂的构图,也不能过分地雕饰和投放太多的人力、物力和财力,还应考虑菜品的疏密恰当,不可喧宾夺主。

（四）菜肴装饰的类型

菜肴的种类繁多,其菜肴装饰也不尽相同,菜肴点缀饰物的品种、花样造型繁多,菜肴装饰一般采用对称、旁衬、围衬、覆盖、点缀等方法。对菜肴进行美化,可体现菜肴的整体美和内在美。归纳起来有以下几种类型。

❶ **点缀式造型围边**　点缀式造型围边又称围边、边缘点缀,是根据菜肴的特点,把少量的天然原料加工成一定的形状后,放在盘的边缘或者围在菜肴四周或一旁,给予恰如其分的修饰或衬托的技法,可提高菜肴的外观美感度,满足人们的视觉需求,如凤尾形黄瓜片、红绿樱桃及刻制的平面花形等。点缀原料一般放在圆盘的等分点上,腰盘一般放在椭圆的中心对称位置上。装饰物应与菜肴内容相结合,如川菜常用红辣椒做边缘点缀。其特点是注重色彩的合理搭配、形式比较随意、应用范围较广(如花色冷菜、热菜、席间面点等)。

（1）局部点缀式造型围边:局部点缀式造型围边又称边角式造型围边、角花,是指将原料(如水果、蔬菜等)加工成一定形状后,以菜肴为主体摆在盘子一边或一角点缀,以渲染气氛、烘托美化菜肴的技艺。菜肴装盘时,在菜肴的表面、盘面露白处进行局部点缀,可突出菜肴的整体美。盘面空白处常用食雕花卉及各种叶类蔬菜加以装饰。其特点是简洁、明快、易做,灵活简便,可通过配色、补白手法对菜肴进行装饰,是一种使用频率较高的点缀方法。对菜肴的造型限制较少,通常适用于装饰整形的菜品(如烤羊腿、八宝鸡、酸烧牛蹄、烤鸭等),可将各类小型雕刻等摆放在餐盘边上适当的位置。例如,用番茄和香菜叶在盘边做成月季花花边;将番茄、柠檬切成兰花片,与芹菜拼成菊花形镶边等。又如,在汤菜汤面上点缀一对用蛋泡塑造的鸳鸯,可使菜肴富有情趣;点缀时应符合色彩的调配规律,这样才能达到和谐统一、美化菜肴的目的。

局部点缀式造型围边

（2）非对称点缀式造型围边:非对称点缀式造型围边又称三点式、鼎足式,是指将原料(如水果、蔬菜等)加工成一定形状后,以菜肴为主体,在盘边摆出不对称的点缀样式,以渲染气氛、烘托美化菜肴的技艺。这种造型围边常见的由3～5个点缀物组成,主要适用于圆盘盛装的丝、片、丁、条或花刀块等形状且汤汁少的菜肴。

（3）对称点缀式造型围边:对称点缀式造型围边又称对称点缀法,是指用原料(如水果、蔬菜等)加工成一定形状后,以菜肴为主体,在盘中做出形状同样大小、排列距离相等、同样色泽的相对称的点缀物,以渲染气氛、烘托美化菜肴的技艺。适用于椭圆腰盘(如鱼盘、条盘)盛装菜肴时装饰,其要求刀工精细、选料恰当、拼摆对称协调、简单易掌握。根据不同的菜肴要求,选择不同的对称点缀式造型围边方法。

①单对称点缀式造型围边。单对称点缀式造型围边,即在餐盘的两边(两端),摆上大小一致、色彩相同,且形态对称的点缀样式,使之协调美观。例如,用黄瓜切成连刀片,隔片卷起,放在盘子两

非对称点缀式造型围边

端,每两片缝中嵌入一颗红樱桃,做成对称花边等。这种造型围边一般应用于整形的菜肴(如片皮乳猪、八宝鸭子等)。

单对称点缀式造型围边

　　②交叉对称点缀式造型围边。交叉对称点缀式造型围边又称双点对称式点缀,即在餐盘的周边摆上两组对称点缀样式的摆放方法,其中每组点缀花的颜色、大小、规格也应一致。

　　③多对称点缀式造型围边,即在餐盘的周边摆上两组或两组以上的点缀样式,每组之间距离要求相等。在实际应用时需要注意围边样式的规格大小、品种,不宜选用立体雕刻的点缀样式,否则会给人以烦琐、喧宾夺主之感,宜用一些小型平面雕切几何体或小型动物、小草、小花等。这种造型围边常见的由 4、6、8 个点缀造型组成。

多对称点缀式造型围边

在进行交叉和多对称点缀时还应注意选择规格对称的餐具，一些规格不对称的或象形餐具不宜做此类点缀。

④中心点缀式造型围边。中心点缀式造型围边又称中央式围边、中心点缀法、中心摆入法，是指用原料（如水果、蔬菜、面点等）加工成一定形状后放置在盘子的中央，以菜肴为主体，呈放射形排放（或中心对称排列）的技艺。

中心点缀式造型围边根据菜点造型和盛器形状选择点缀样式，多采用立体围边样式摆放在盘子的中心，以突出意趣或主题，渲染气氛，烘托、美化菜肴。立体雕刻要求技术水平较高，不能粗制滥造，否则会令人生厌。例如，一品素烩以素食中珍贵的三菇六耳为原料，盘内中心装饰物是一件萝卜整雕品——双腿盘坐的罗汉，寓意"佛门吃素"。对菜肴进行装饰，应将散乱的菜肴有计划地堆放，并与盘中心拼花的装饰统一起来，使其变得美观。其适用于单个成形菜肴（如冷菜和酥炸类菜肴等），一般呈中心对称排列，或适用于蒸制菜肴和炸制菜肴，如用玉米笋、胡萝卜、樱桃等原料在盘中心拼成花饰等。

中心点缀式造型围边

⑤点缀分隔式造型围边：点缀分隔式造型围边又称分割式围边、分隔点缀式、分割点缀式，是指用原料（如水果、蔬菜等）加工成一定形状后，以菜肴为主体，在盘中做一个点缀装饰，两侧做出同样大小、同样色泽的相对称的装饰的技艺，能把散乱、不同味型的菜肴有计划地堆放一起，使其形状美观且互不串味，适用于两种或两种以上口味的菜肴，一般采用中间隔断或将圆盘3等分的方式，适宜放置煎炸、滑炒类菜肴。

❷ **环围式造型围边**　环围式造型围边又称镶边、包围式，是指根据原料的颜色，加工成一定形状后，在菜肴周围或盛器内围摆成一定图案的技艺，以提高菜肴的外观美感度，以满足人们的视觉需要。其能增加菜肴的美感，稳定菜肴的位置，还可增加菜肴装盘后的象形感。围摆成的几何图案有圆形、三角形、菱形等。用于热菜围边的原料以熟制热吃为主（如滑炒等菜肴）。其适用于单一口味的菜肴装饰。

环围式造型围边可分为以下几种类型。

（1）半围式造型围边：半围式造型围边又称半围式点缀、边花，是指将原料（如水果、蔬菜等）加工成一定形状后，以菜肴为主体摆在盘子一边点缀装饰，以渲染气氛，美化菜肴。其特点是不对称但协调，没有固定的形态规律，一边装饰，一边盛装菜肴，恰到好处，主要适用于圆盘或鱼盘，也适用于装饰各种类型的菜肴。制作时要掌握盛装菜肴和装饰原料的分量比例、形态比例和色彩比例，可根据菜肴形态的需要进行装饰。半围式点缀装饰物约占盘周的1/3，主要通过追求某种主题和意境来美化菜肴，以突出主料。

（2）点围式造型围边：点围式造型围边又称点缀围边造型，是指将原料（如水果、蔬菜等）加工成一定形状后，以菜肴为主体先在盘子边点缀一个立体装饰，再围摆装饰，以渲染气氛，烘托、美化菜肴的技艺。其特点是色泽鲜艳，造型美观，想象力丰富。

知识点拨

半围式造型围边

（3）全围式造型围边：全围式造型围边是一种常用的点缀方法，又称围花、围边、包围式，全围点缀法、全包围点缀法、全围点缀摆放法，是指将装饰原料（如水果、蔬菜等）加工成一定形状（如片、丝、条等小块原料）后沿盘边四周摆放，以菜肴为主体，把菜品围在盘中间的一种排列技法。在将原料切成小料时要注意大小一致、薄厚均匀，在排列时要注意其间隔距离一致，这样才能使盘饰整齐划一。

全围式造型围边可以弥补菜品装饰造型不足，如清炒肉丁、滑炒鱼丝等。在操作中菜品装饰原料要求加工后大小、薄厚及颜色一致，围摆均匀，整齐美观，同时应注意其整体比例、规格、数量应与菜肴相协调，避免主次不分。常用于单一口味、原料较小的菜肴装饰，一般适用于滑炒等菜肴。围出的菜肴比用其他点缀更整齐、美观，但刀工要求也更严格。这种造型围边适用于装饰圆盘，围成的几何图案有圆形、三角形、菱形等。例如，将煮熟去壳的鹌鹑蛋沿中线用尖刀锯齿状刻开，围在盘子四周；用黄瓜、玉米笋、胡萝卜、樱桃、蛋皮丝等拼成宫灯图案花边等。

全围式造型围边

（4）象形环围式围边：象形环围式围边又称拼摆式盘饰、图案式围边、象形点缀，就是利用原料固有的形状和色泽，运用各种刀具采用切拼、排放、拼摆等特殊的操作技法及构图艺术手法，将原料在器皿内围摆成各种平面象形纹样物体图案，然后将所制作的菜肴填入其内的切拼技法。象形环围式围边从整体菜肴的外观上给人一种形象逼真的感觉。在选择原料时，要注意原料的色彩与菜肴的色彩是否协调，如果颜色过于接近或反差过大，则会影响菜肴的整体质量。例如，宫灯虾仁用煸炒的青椒丝围成宫灯的轮廓，再配以用蛋糕雕刻的灯口，用胡萝卜切丝做的灯穗。然后将烹制后的虾仁盛入其间，整体呈宫灯形，或用黄瓜、胡萝卜、樱桃、蛋皮丝等拼成宫灯图案花边等。在制作象形环围式围边时，采用切拼法拼摆成的各种图案最好与菜肴主体相呼应。例如，年年有鱼这道菜，可制作一个鲤鱼戏水的菜肴装饰，这样不仅对菜做了点缀，且富有寓意，可谓两全其美。象形环围式围边的特点是选料精细、拼摆讲究、造型美观逼真、高低错落有致、色彩搭配协调和谐等，它能起到烘托菜

知识点拨

肴、美化席面、渲染气氛的作用。象形环围式围边由于选料广泛,拼摆工艺操作简便,能组合成各种平面纹样图案,因此使用频率较高。常用的象形环围式围边类型有寿桃形、扇形、花篮形、宫灯形和鱼形。

❸ **菜点器皿造型装饰** 菜点器皿造型装饰又称雕刻式盘饰、立体盘饰、立体象形式,是指利用原料固有的形状和色泽,采用雕刻、拼装等技法,将其雕刻成各种象形的立体盛装器皿和平面盘饰相结合的点缀式样的图案,用于盛装菜肴,烘托、美化菜肴的技艺。雕刻所用的原料是质地脆嫩的瓜果蔬菜,制作时需要使用特殊的雕刻工具,运用切、雕、染、砌等技法,做成花、鸟、鱼、虫等象征吉祥的作品,放于盘中用以点缀和衬托菜肴,制作费时且难度较大。这种品位较高的盘饰,需要操作者有较高的技艺,一般应用于主桌和主菜上。菜点器皿造型装饰适用于高档宴席的菜肴制作。菜点器皿造型装饰必须根据菜肴的原料、形态、色泽、菜名等精心设计,如龙舟、龙头龟盅,橘瓣虾、西瓜盅、满载而归等。

菜点器皿造型装饰

四、学习菜肴装饰的意义

随着我国经济的快速发展,现在的就餐者在饮食视觉层面上的要求越来越高,对于餐饮从业人员而言,只有与时俱进地了解菜肴装饰的原料性质和可操作性,才能提升菜肴本身的品位、档次,以及创造更多的灵感和创意来赋予美食的灵魂,这是我们应该努力的方向。

菜肴装饰所使用的原料必须色彩鲜明亮丽,价格便宜,用料广泛,可选择范围大,容易采购,甚至还可用边角余料进行各种档次的菜肴装饰与点缀。菜肴装饰应根据菜肴的特点,充分发挥丰富的想象力,大胆创新,设计制作出的图案要新颖、简洁、大方、整齐,以取得更好的视觉效果,切忌图案烦琐、杂乱、庸俗和怪诞。当今菜肴整体的造型方向是视觉感好、简单精致、方便快捷、美观大方、色彩搭配合理、卫生健康、高效率,融入菜肴的制作特点及西餐装盘技法,再合乎每一道菜肴自身的造型,让菜肴和装饰围边融为一体。在制作过程中,不仅要求操作者具有扎实的基本功、装饰技法娴熟,还要注重原料本身的色彩、形状,利用切、削、刻、戳、旋、叠、摆等技法,制作出各种造型。菜肴装饰作品选择图案时,应尽量拓宽表现题材的范围。如果这方面有困难,可参考一些美术工具书及资料。菜肴装饰作品在风格方面可借鉴剪纸作品图案,也可借鉴某些中西式蛋糕的构图方式和外观风格,因为这两类艺术形式都带有浮雕和半立体构图艺术的某些特点,完全可以通过替换所用原料,将部分有代表性的图案移植过来;在形式和内容方面,还可尝试改变作品的总体外观,要向立体、半立体、浮雕、木刻等方向转变或靠近,要想在菜肴装饰方面有创意构思、设计制作上有所突破,必须多看、多学、多练。这是一个漫长的积累过程,需要大胆地去想象、去发现。只要坚持不懈地努力,就一定能够创作出高质量的作品。在餐饮业竞争激烈的今天,菜肴装饰创意刻不容缓,菜肴装饰创新应与菜肴创新同时进行。

只有正确掌握菜肴装饰方法,练就扎实的基本功,熟悉了解必备的美学知识,具备一定的艺术修养,才能使菜肴装饰在餐盘中与菜肴相得益彰,为菜肴锦上添花。

知识点拨

| 课堂活动——课程思政模块 |

　　大董意境菜的独特体现：一菜一诗句，如"董氏烧海参"，将厚重浓香的葱香酱汁渗入海参中，醇香软糯、味透肌理，而其体现的则是"横眉群山千秋雪，笑吟长空万里风"的画面，意境悠远。

　　谈一谈作为新一代的厨师，如何有意识地培养自己与时俱进、推陈出新的工作意识；另外，谈一谈如何使中国的厨师成为中国形象的体现者、中国故事的传播者和中国文化的代言人。

同步测试

一、填空题

（1）菜肴出品就是将烹调成熟的菜肴，装入＿＿＿＿＿＿＿的过程，是完成菜肴制作的最后一个环节，也是非常重要的工序，还是烹调技艺＿＿＿＿＿＿＿之一。

（2）热菜用于装饰的原料以熟制热吃为主，常见的装饰方法有＿＿＿＿＿＿＿、＿＿＿＿＿＿＿、＿＿＿＿＿＿＿等。

二、单项选择题

（1）清炒肉丝、滑炒鸡丝等单一味型、原料形小的菜肴一般采用（　　）造型围边。

A.半围式　　　　　　B.点围式　　　　　　C.全围式　　　　　　D.象形环围式

（2）不属于烧、炖、焖、蒸类菜肴的装盘方法有（　　）。

A.拉入法　　　　　　B.拖入法　　　　　　C.盛入法　　　　　　D.扣入法

（3）汤类菜肴一般占盛器的（　　）。

A.95％～100％　　　B.80％～90％　　　　C.70％～75％　　　　D.85％～90％

（4）菜肴水熘鱼片、芙蓉鸡片装盘采用（　　）。

A.倒入法　　　　　　B.拖入法　　　　　　C.盛入法　　　　　　D.扣入法

三、判断题

（1）红烧肉的盛装方法也采用扣入法。（　　　）

（2）菜肴虎皮扣肉的装盘方法为拖入法。（　　　）

（3）菜肴的分量与盛器的大小无关。（　　　）

四、简答题

（1）菜肴与盛器配合的原则是什么？

（2）根据已学过的菜肴分别举例，谈一谈热菜装盘的方法。

（3）菜肴装饰的概念是什么？

（4）菜肴装饰的作用有哪些？

（5）菜肴装饰应注意哪些事项？

（6）菜肴装饰的类型有哪些？

（7）怎样学习菜肴装饰？

五、案例题

（1）试举例说明已学过的菜肴是采用哪种装饰方法进行点缀的。

（2）西式菜肴装饰如何与中式菜肴相结合？

参考文献

[1] 崔震昆.厨房设计与管理[M].上海:上海交通大学出版社,2012.

[2] 于樑洪.现代餐饮经营管理基础[M].2 版.北京:高等教育出版社,2009.

[3] 周晓燕.烹饪工艺课程教学法[M].北京:中国纺织出版社,2017.

[4] 邵国俊,谢洪山,侯邦云.烹调基本功[M].武汉:华中科技大学出版社,2020.

注:全书同步测试参考答案仅供教师用户在教学中使用。请教师用户联系我们(邮箱地址见封底)。